『同一条河流』系列丛书

泗水边的《孝经》

许辉 著

全国百佳图书出版单位
时代出版传媒股份有限公司
黄山书社

目　录

《孝经》之内

开宗明义章第一

【原文】

仲尼居，曾子侍。

子曰："先王有至德要道，以顺天下，民用和睦，上下无怨。汝知之乎？"

曾子避席曰："参不敏，何足以知之？"

子曰："夫孝，德之本也，教之所由生也。复坐，吾语汝。身体发肤，受之父母，不敢毁伤，孝之始也；立身行道，扬名于后世，以显父母，孝之终也。夫孝，始于事亲，中于事君，终于立身。《大雅》云：'无念尔祖，聿修厥德。'"

【许译】

仲尼闲坐，曾子在旁边陪坐。

孔子说："从前圣贤的帝王拥有最好的品德和最重要的德行，并用来治理社会，百姓因此而和睦相处。你知道那是什么品行吗？"

曾子恭敬地站起来说："俺愚笨，哪里会知道那么多呢？"

孔子说："孝，是德行的根本，教化都是由此生成的。你坐回去，我来告诉你。身体毛发皮肤，从父母那里得到，不可轻易毁伤，这是孝顺父母的底线；建功立业践行道义，得到后人的称颂，使父母脸上有光，这是孝顺父母的最高境界。孝，起点是事奉父母，中间事奉君主，最终立住自己。《诗经 · 大雅 · 文王》道：'要惦念着你的祖先，并修习他的德行。'"

【字词】

开宗明义，阐述宗旨，说明义理；后有成语开宗明义，用来形容说话或写文章时，一开始就阐明宗旨；开，展示，陈说；宗，主旨，本原；明，阐明；义，意思，道理。

仲尼，孔子的字；孔子名丘，字仲尼；古人以伯、仲、叔、季排行，因孔子排行老二，又据说孔子出生时头顶中凹，形如尼山，因而取丘为名，取仲尼为字。居，坐。曾子，姓曾，名参，音 shēn 深，字子舆，小孔子 46 岁，孔子晚年学生；曾子在孝道方面较好地继承和发扬了孔子的思想。侍，音 shì 事，陪在尊者或长者身边。

子，古代对男子或有德行的男子的尊称，此特指孔子。先王，上一代君王，或上古的圣贤帝王；先，已故的，多用于尊长。有，会意字，金文由月（肉）和十（手）组合而成，表示持有，或拥有、占有。至德，最好的德；至，达到顶点;德,道德,品行。要,音 yào 药,关键,至关重要。道,方法、手段,道德、道义。以,用,使用。顺,和顺,顺服,顺从,使动用法,使和顺,使顺服。天下,全世界,所有有人的地方;杜牧曰:天下,犹言诸侯也。用,介词,表示结果,相当于因而,因此。上下,指阶层尊卑、地位高低等。汝,对称代词,你。

避席,即离开席位,指从席上站起来,表示尊敬;古人席地而坐,每人独占一席。参,曾子的名,一般自称名,尊者或长老也可直呼对方的名。敏,聪慧,努力,勤奋。足,足够,够多。

夫,音 fú 扶,句首发语词。孝,善事父母,尽心奉养,能继承先人之志;《中庸》第十九章:夫孝者,善继人之志,善述人之事者也。复,返回,回去,恢复。吾,自称代词,我。语,音 yù 玉,告诉。敢,敢于,有勇气,有胆量。立,树立,建立。行,音 xíng 型,实施。道,道义;此道指人道而非天道,人道即儒家的人伦道义。扬,显扬,称颂。世,后代,后嗣,朝代,古代以三十年为一世,父子相继为一世。事,服侍,侍奉。亲,父母,亲人,亲戚,此指父母。中,中间。《大雅》,此指《诗经·大雅·文王》中的两句诗;《诗经》从内容和体裁上可分为风、雅、颂三大部分,风为民歌,雅是贵族的应酬之作,颂是庙堂乐歌。云,说。无,语助词。念,怀想,记挂,惦念。尔,第二人称代词,你。祖,祖先,诗中指文王。聿,音 yù 玉,句首语助词。修,学习,遵循,修养。厥,音 jué 绝,代词,其,他的,他们的。德,德行。

【读议】

立身行道。此道应指人道而非天道,人道即儒家的人伦道义,因为儒家思想侧重于社会学或政治学，儒家关注和主谈的都是社会学或政治学话题。天道则一般会理解为道家的天命规律，因为道家思想侧重于天人关系，而轻视甚至不屑人际关系。这里的道，也不是个人的思想品德。《大学》列出中国(男)人要致力实践的八件大事是，格物、致知、诚意、正心、修身、齐家、治国、平天下，这八件必做的大事，有因果关系，也是八大品质、八大理想、八大目标，终极理想或目标，则都指向平天下，即，使天下仁治、太平。因此立身行道的道，不应该只停留在个人的道德上。

天子章第二

【原文】

子曰："爱亲者，不敢恶于人；敬亲者，不敢慢于人。爱敬尽于事亲，而德教加于百姓，刑于四海。盖天子之孝也。《甫刑》云：'一人有庆，兆民赖之。'"

【许译】

孔子说："孝爱自己父母的人，不会厌烦别人的父母；尊敬自己双亲的人，不会怠慢别人的双亲。自己能对父母极尽爱敬，才有资格对百姓进行孝德教育，就能成为全社会效仿的榜样。这是天子的孝道。《尚书·吕刑》说：'天子有善行，百姓都受益。'"

【字词】

天子，指古代帝王，后又指国王或皇帝，取天父地母之子义；自本章起依尊卑分述天子至庶人五等人的孝行。

者，……的人。恶，音 wù 务，讨厌，厌恶，不喜欢。敬，恭敬，尊重。慢，不恭敬，傲慢，怠慢。教，教育，教诲。而，连词，表示顺承、顺接，可释为才、就。加，施加，施及。刑于，用礼法对待；刑，示范，榜样。四海，四方，天下。盖，句首语气词；也有认为盖为副词，当大概、一般讲。《甫刑》，即《尚书·吕刑》。一人，此指天子。庆，善，福。兆民，百姓，一般用于天子辖下的百姓。赖，赢利，受益，依靠。

【读议】

子曰。由于《孝经》今文与古文的文字差异，一般认为此“子曰”包括了至庶人章的所有文字都是孔子说的话；又有学者认为由此章至庶人章都仍是孔子与曾参的那一次对谈。

爱亲者。这里的者字的词性，语言学界历来有多种观点。一种观点是，者字是代词，学习过王力先生《古代汉语》的人都知道，王力先生基本是持这种观点的。但作为代词的者字，不能单独充当句子成分，它必须和其他句子成分，例如其他词或短语，结合起来，组成一个名词短语，才能充当句子成分。比如爱亲者的者，就指代父母的子女。

另一种观点是，者字是助词，因为它的附着性很强，不能单独使用，因此者只能是虚词，而不能是实词，即，不能是代词。在爱亲者句中，爱是动词，修饰亲，亲是名词，被爱修饰和限定，者则附着于爱亲这个动词性短语之后，构成一个者字结构，意思是孝爱双亲的人。

诸侯章第三

【原文】

在上不骄，高而不危；制节谨度，满而不溢。高而不危，所以长守贵也；满而不溢，所以长守富也。富贵不离其身，然后能保其社稷，而和其民人。盖诸侯之孝也。《诗》云："战战兢兢，如临深渊，如履薄冰。"

【许译】

身居上位不傲慢，就会身在高位却没有危险；掌握分寸重视规矩，就算事做得满也能不崩溃。身居高位却能坐稳，长久保住尊贵地位靠的是在上不骄；事做得满却能不出事，长久守住财富靠的是遵守规则。财富和地位不离开自己，在这个前提下才能保住自己的国家，并且使百姓和睦。这是诸侯的孝道。《诗经·小雅·小旻》说："恐惧发抖小心谨慎，就像正面临深渊，如同走在薄冰上。"

【字词】

诸侯，古代帝王分封的各国国君，要谨遵王命、定期朝贡述职，

骄，傲慢。危，高高的样子，危险，不安全。制，控制，遏制，抑制。节，分寸，法度，礼节。谨，慎重，重视，小心，谨慎。度，制度，法度，尺度。满，达到极限。溢，水漫溢而出。所以，……原因，用来……的东西；所，代词；以，介词，用，凭借，依靠。贵，显贵，尊贵，禄位高。富，财富。其，代词。社稷，土神和谷神，又代指国家；社，会意字，礻(示)和土组成，本义指土地神，意思是祭祀土地神；稷，音 jì 纪，谷神。和，和谐，和睦；此处为使动用法，使……和睦。民人，人民，百姓。《诗》，即《诗经》，《诗经》汉代以前仅称《诗》，汉武帝时代推重儒学，渐称《诗经》，经为经典之义，《诗经》是儒家的经典；后诗引自《诗经·小雅·小旻》。战战，恐惧发抖状。兢兢，音 jīng jīng 京京，小心谨慎貌。临，面对，面临，从上往下看。履，音 lǚ 旅，踩，走在……上。

【读议】

制节的节，一般都释为节俭、节省，不奢侈。在先秦古汉语中，节确有节约、节俭义。但这一章谈的其实是诸侯与天子的关系。不能恪守诸侯与天子之间的约定，即谨遵王命、定期朝贡述职等礼节或规矩，那诸侯的尊贵和地位，不一定能保得住。这和诸侯的节俭和不奢侈，没有必然联系。所以从这个意义上说，节俭和节约，不是诸侯对父母和家族的真正孝

道。当然,这是从游戏规则即制度的规定方面说的,后来诸侯强大了,反过来制衡天子,那是另一码事。

满而不溢,所以长守富也。多释为财富多却不奢靡,如此就能长期守住财富。这样的释读似乎无法精准解读孔子这段话的意思(如果此段仍是孔子曰的话),因为释读的视角不是政治视角。从政治视角看,权力有授予方和接受方,接受方如果不能很好地维护授予方的价值观和利益,授予方就有可能威胁接受方的权力和权益,接受方就有可能会失去权力、权益或权力的庇护,这是政治守则的禁忌。政治学某种意义上也是一门有关权力的科学,有其自身规律。孔子在这一章里的意思,就是要求诸侯谨慎遵守与天子之间的政治和权力规则,而不是靠节俭保住尊贵。

卿大夫章第四

【原文】

非先王之法服不敢服，非先王之法言不敢道，非先王之德行不敢行。是故非法不言，非道不行，口无择言，身无择行，言满天下无口过，行满天下无怨恶。三者备矣，然后能守其宗庙。盖卿大夫之孝也。《诗》云："夙夜匪懈，以事一人。"

【许译】

不合先王规制的服装不乱穿，不合先王法规的话不乱说，不合先王道德规范的行为不乱做。正由于不合法规的话不说，不合道德规范的事不做，因此说话时无须择言，做事时无须择行，到哪里说话都不会有过失，到哪里做事都不会惹怨恨。这三个方面都做到了，才能守住祖脉。这是卿和大夫的孝道。《诗经·小雅·烝民》说："从早到晚不懈怠，尽心尽意侍奉天子。"

【字词】

卿大夫，指卿与大夫。卿，官阶名或爵位名；周朝天子和诸侯都有卿，秦汉时三公以下设卿，为中央政府各部门首长。大夫，职官等级名，三代时，官分卿、大夫、士三级；又为官名，或爵位名。

法，准则，规范，方法，作法。敢，敢于，有勇气，有胆量。服，穿。是故，因此，所以。身，亲身实行。怨，怪怨，怨恨。恶，音 wù 务，憎恨，讨厌。择，挑选，选择，择取。备，齐备，完备，具备。守，保有，守护住。宗庙，祭祀祖先的地方，这里是同义词并用，代指宗族、家族；宗，宗庙；庙，宗庙。《诗》，指《诗经·大雅·烝民》；烝民，百姓，众民；烝，音 zhēng 争，众，多。夙，音 sù 诉，早，早晨。匪，非，不，无。懈，松懈，懈怠。一人，此指周天子。

【读议】

盖诸侯之孝也，盖卿大夫之孝也，盖士之孝也，这几段的句式都是一样的。这几句话里直接的意思，都是要通过事君而达到立身这一目标，对自己、自己的父母和家族负责；通过事君并立身，才是终极的大孝境界。如果不对这一因果链进行过度解读的话，那么我们就能很简洁地提炼出这一句式中的两个关键词，一是遵守政治规矩，一是提升完善自我。这两者在人类社会的任何体制和时代内，都是必然存在的规则，或潜在的必然存在的规则。在现代社会环境下，孝则完全可无障碍理解为责任或操守。

是故非法不言,非道不行,口无择言,身无择行。这个长句可以看作倒装,即:是故口无择言,身无择行,非法不言,非道不行。意思是:正由于不合法规的话不说,不合道德规范的事不做,因此说话时无须择言,做事时无须择行。而如果把这个长句看作倒装,非法不言和非道不行是因,口无择言和身无择行是果,那么这个句子之中就不可用分号,而只能用逗号。

士章第五

【原文】

资于事父以事母，而爱同；资于事父以事君，而敬同。故母取其爱，而君取其敬，兼之者父也。故以孝事君则忠，以敬事长则顺。忠顺不失，以事其上，然后能保其禄位，而守其祭祀。盖士之孝也。《诗》云："夙兴夜寐，无忝尔所生。"

【许译】

像侍奉父亲那样侍奉母亲，对他们的孝爱都是相同的；像侍奉父亲那样侍奉君主，对他们的恭敬都是一样的。因此母亲得到的是孝爱，君主得到的是恭敬，父亲则爱敬兼得。所以用孝敬之心侍奉君主就能忠诚，用敬爱之心侍奉长者就能恭顺。不缺失忠顺之心，用忠顺之心侍奉上级，就能保住俸禄和官位，也能守住先人基业。这是士的孝道。《诗经·小雅·小宛》说："从起床到入睡（都要努力），不要有愧于你的先人。"

【字词】

士，先秦时贵族的最低等级，位次于大夫；又为官吏的通称。

事，侍奉，服侍。资，凭借，依托。故，因此，所以。长，年长的人，年纪大，辈分高，职位高；现在的释读本多释长为兄长，主要依据唐玄宗的释义或古文本文字，但先秦古汉语中长为兄长义似不多见。顺，顺从，依顺。上，上级，或地位高的，又特指帝王。禄，俸禄。位，官位，职位。《诗》，指《诗经·小雅·小宛》。兴，作，起来，起身。寐，音 mèi 妹，睡，睡着，入睡。忝，音 tiǎn 舔，辱没，有愧于。尔，第二人称代词，你。所生，生……的人，此即生你的人。

【读议】

夙兴夜寐，无忝尔所生。又可译为：早起晚睡，不要使生你的父母受到羞辱。所是代词，用在动词前，构成名词性词组或名词短语，指代人或事物，因此，尔所生，就是生你的人。生你的人，是你的父母，这是没有任何疑问的。但这样译，准确是准确的，似乎还缺少涵括，不够到位。如果把不要辱没生你的父母，译为不要辱没你的上人，或不要有愧于你的先人，似乎更精准，既有实指，也有虚指。因为生既有直接赋予你生命的意思，也应该有间接赋予你生命的意思。生应该还有血脉延续义。

庶人章第六

【原文】

用天之道，分地之利，谨身节用，以养父母。此庶人之孝也。故自天子至于庶人，孝无终始，而患不及者，未之有也。

【许译】

利用四季的变化，区别土地的不同（来取得生活物资），保全自己，节俭资财，并奉养父母。这是普通百姓的孝道。因此从天子到百姓，尽孝不分尊卑时空，假如担忧来不及、做不到，那是多虑了。

【字词】

庶人，春秋时对农业劳动者的称呼，又泛指百姓、平民；庶，众，多，百姓,平民。

用,使用,利用。天之道,或主要指借助四季带来的变化进行农业生产。分,区分,辨别。地之利,或主要指根据地形地物带来的不便与便利进行农业生产。谨,小心,慎重,善待。节,节约,节省。用,费用,资财。养,奉养。患,担心,担忧。及,做得到,赶得上。未之有,即未有之,意思是没有这样的事;未,没有,不曾。也,语气词,可译为啊、呀、吧、呢、哪、哩等,也可不译。

【读议】

用天之道,分地之利。由于春秋时庶人一般指具有自由身份的农业劳动者,因而用天之道及分地之利,或主要指根据四季带来的变化及地形地物带来的不便与便利进行农业生产活动。在农耕社会里,农人安排好农业生产,尽可能多地获得粮食及其他食物,并以此养活父母和家人,这理所当然地被看作最大的孝道,也类似现在常说的,温饱权是最根本的和最重要的人权。

谨身节用。谨身除善待身体外,应该还有遵纪守法、不因外力而伤害身心义。

三才章第七

【原文】

曾子曰："甚哉，孝之大也！"

子曰："夫孝，天之经也，地之义也，民之行也。天地之经，而民是则之。则天之明，因地之利，以顺天下。是以其教不肃而成，其政不严而治。先王见教之可以化民也，是故先之以博爱，而民莫遗其亲；陈之于德义，而民兴行；先之以敬让，而民不争；导之以礼乐，而民和睦；示之以好恶，而民知禁。《诗》云：'赫赫师尹，民具尔瞻。'"

【许译】

曾子说:“简直大极啦,孝道的博大精深!”

孔子说:“孝,是天的常规,是地的常理,是人的常性。天地有自己运行的常规,而人的品性从天地规律中派生。天子效法天理给人间带来光明,沿袭地规给人民带来利益,借天地规则使天下和顺。果能如此则法令不必严苛即可见成效,政令不必严厉也能有效治理。先王懂得通过教育可以感化民众的道理,所以用博爱来引导,百姓就不会遗弃双亲;向民众宣传德义,德义就会在民间流行;在社会上倡导敬让,百姓就不会争夺;用礼乐来引导,百姓就能和睦;告诉民众好和坏,民众就会自禁。《诗经·小雅·节南山》说:“显赫的师尹,民众都仰望你。”

【字词】

三才,指天、地、人。

甚,很,非常。哉,语气词,表感叹。大,影响深,范围广。

经,常规,原则,规律。义,道理。民,人,百姓。行,音 xíng 型,旧音 xìng 杏,品行,德行;这里或义为像天经地义一样,是人天生的天性。而,连词,表承接或递进。是,指示代词,此,这;指民之行。则,效法;这里有派生、附着、依附义。之,代词,此,这;此代指天和地。明,明亮,光明。因,依靠,凭借,因袭,沿袭。利,利益。是以,因此,所以。教,政教,法令。肃,严厉。严,严厉,急促,猛烈。见,知道,理解,明白。教,教育,训练。化,感化,教化。先,引导,倡导。博,广泛,普遍。遗,抛弃。陈,宣示,张扬。兴,产生,兴起。行,传布,流行,流通。争,争夺。导,引导。礼,礼制、礼节、仪式等道德规范。乐,音乐;先秦儒家倡导的音乐,是指能够宣示等级、规范和有序的社会体制的音乐，例如祭祀时或展现社会祥和时的演奏。示，告诉，告知。恶，不好，坏。禁，禁止，制止。《诗》，指《诗经·小雅·节南山》。赫赫师尹，民具尔瞻，显赫的师尹，人民都在看着你；引这两句诗用的只是无语境的字面意思，与诗境里的意思有所不同；赫赫，地位显赫或盛大昌盛的样子；师，指太师，官名，古代三公之最尊者，三公即太师、太傅、太保；尹，尹氏，尹本为官职名，古人常用官职名作氏名；具，副词，都，皆；尔，你；瞻，仰望，望见。

【读议】

夫孝，天之经也，地之义也，民之行也。这几句话的意思是：孝，是天的常规，地的常理，人的常行。所谓人的常行，是与天的常规和地的常理顺承的，即人的天然品行，也就是天生的性情。孟子有性善论，即认为人天生具备良善的本性；荀子有性恶论，即认为人天生有恶的本能；西方有性利论，即认为人天生趋利。

则天之明。义为效法天的光明，或效法日月的明亮。古文常省略句子成分，而省略最多的是句子的主语。这个短句的主语是天子。明有明亮、光明义，又虚指抽象的清明或昌盛。

先王见教之可以化民也。一般把见释为看见、听见、发现，这没有错，但似乎并不到位。见还有明白、懂得、理解、知道等义，因此把先王见教之可以化民也，释为先王明白通过教育能够感化百姓的道理，或许更精准一些。

是故先之以博爱，而民莫遗其亲；陈之于德义，而民兴行；先之以敬让，而民不争；导之以礼乐，而民和睦；示之以好恶，而民知禁。这里的先字，多释为带头。但我们仔细分析这个长句就能发现，这个长句里的动词，例如陈、导、示等，都有要求义，即要求民众怎样去做。因此，虽然先有带头的意思，但先也有引导、倡导义，把先译为引导，或倡导，应该更准确，更合此段文风。

孝治章第八

【原文】

子曰："昔者明王之以孝治天下也，不敢遗小国之臣，而况于公侯伯子男乎？故得万国之欢心，以事其先王。治国者，不敢侮于鳏寡，而况于士民乎？　故得百姓之欢心，以事其先君。治家者，不敢失于臣妾，而况于妻子乎？故得人之欢心，以事其亲。夫然，故生则亲安之，祭则鬼享之。是以天下和平，灾害不生，祸乱不作。故明王之以孝治天下也如此。《诗》云：'有觉德行，四国顺之。'"

【许译】

孔子说："从前贤明的帝王用孝道治理天下，连小国的官吏都不会怠慢,更何况对公侯伯子男这些高贵的人呢?因此赢得各国好感,各国都愿意前来助祭。国家的统治者,连鳏寡之人都不会怠慢,更何况对于士民呢?因此赢得百姓好感,百姓都自愿参加国君的祭祖活动。家里的当家人,连奴隶都不会慢待,更何况对于妻子和儿女呢?因此赢得大家的好感,一起侍奉当家人的父母。正因如此,所以父母活着时安心,死后能够安享祭祀。天下因此而太平,灾害不发生,祸乱不兴起。所以英明的帝王用孝道治理天下就会有这样的效果。《诗经·大雅·抑》说:'具备了正直的道德品行,天下的国家都会归顺。'"

【字词】

孝治,用孝道治理天下。

昔者,昨夜,昨日,从前;昔,以前,从前,往日。明,贤明,英明,明智,高明。王,帝王。敢,敢于,有胆量,有勇气。遗,遗忘,遗漏,遗弃。臣,君主时代的官吏,此指普通官员。况,连词,况且,何况,意思上表示更进一步。于,介词,对于。公侯伯子男,均为爵位名称,共五等;周代嫡长子继承王位,其他各兄弟则分封爵位、领地,成为诸侯。万国,即万邦,这里是极言其多;万,众多,极多。欢心,好意,好感。以,连词,因而,因此。事其先王,指各诸侯愿意前来助祭;事,侍奉。侮,怠慢,欺负,欺侮。鳏,音guān官,无妻的人。寡,老而无夫,妇女丧夫,上古男子丧妻也称寡。士民,士大夫和庶民,四民中学道艺或习勇武的人;四民即士民、商民、农民、工民。家,卿大夫统治的地方叫家,又指家庭。臣妾,奴仆,奴隶;奴隶中男为臣、女为妾。妻子,妻子和子女;妻,男子的嫡配;子,孩子,子女。失,丧失,离弃。然,指示代词,这样,那样。享,鬼神享用祭品,享受,享用。

《诗》，此指《诗经·大雅·抑》。觉，音 jué 绝，正直，高大。四国，四方之国，指天下四方所有国家。

【读议】

昔者明王之以孝治天下也。战国前天子称王，战国时诸侯国国君也称王，这里是孔子说的话，一般应该指天子。但由于秦汉前后的文本一般都有后人的编辑、整理和增删，因此也可能带来一定的混乱。

有觉德行。觉的读音混乱，多有《诗经》注释本引用前人成果，注为 gù 音，又有《孝经》注音本注为 jiào 音，商务印书馆《古代汉语词典》（第2版）注为 jué 音，更多的版本则不重视注音，或回避不注音。考虑到各书成书或出版年代，这种情况也是能够理解的。古文读音的约定俗成有着强烈的时代性，离当下越近的权威版本，一般而言，对读音的约定越权威，也越能反映出古文研究的最新成果。

圣治章第九

【原文】

曾子曰："敢问圣人之德，无以加于孝乎？"

子曰："天地之性，人为贵。人之行，莫大于孝。孝莫大于严父。严父莫大于配天，则周公其人也。昔者周公郊祀后稷以配天，宗祀文王于明堂以配上帝。是以四海之内，各以其职来祭。夫圣人之德，又何以加于孝乎？

"故亲生之膝下，以养父母日严。圣人因严以教敬，因亲以教爱。圣人之教，不肃而成，其政不严而治，其所因者本也。父子之道，天性也，君臣之义也。父母生之，续莫大焉；君亲临之，厚莫重焉。故不爱其亲而爱他人者，谓之悖德；不敬其亲而敬他人者，谓之悖礼。以顺则逆，民无则焉。不在于善，而皆在于凶德，虽得之，君子不贵也。

“君子则不然，言思可道，行思可乐，德义可尊，作事可法，容止可观，进退可度，以临其民。是以其民畏而爱之，则而象之。故能成其德教，而行其政令。《诗》云：‘淑人君子，其仪不忒。’”

【许译】

曾子说：“斗胆请问在圣人必备的品德里，就没有比孝道更重要的了么？”

孔子说：“天地间的生命，人最金贵。人的品行中，孝道最重要。最大的孝道是尊父。尊父的形式没有比祭天时配祭父祖更重大的了，而这个规矩是周公始定的。从前周公郊祀祭天时配祭后稷，在明堂祭祀天帝时配祭父亲文王。因此天下诸侯，都按自己的职位前来进贡助祭。所以在圣人必备的品德里，哪种品德能比孝道更重要呢？

“父母生育孩子养护在膝下，孩子成人后孝养父母自然日益上心。圣人依据人的崇敬天性引导人们孝敬父母，凭借人的仰赖天性教导人们孝爱父母。圣人的教育方法，是不严管而让其自成，圣人施政的方法是不施威而由其顺治，这都是由于借助了人的天性的缘故。父子之间的慈孝关系，是天赋的性情，和君臣关系的道理是一样的。父母生养孩子，没有比这传宗接代更大的事了；有父母的慈爱罩着，没有比这更金贵的财富了。因此，不孝爱自己的父母却能关爱别人，这叫违心；不孝敬自己的父母却能敬重别人，这叫违背常礼。用违德悖礼来归顺民心只能起到相反的作用,因为民众无法仿效。不使用美德,却都靠恶德,或许能一时得逞,但好的统治者不会看重。

“好的统治者不会这样做,好的统治者说出的想法能得到称道,做事的思路能使百姓喜欢,倡导的德义能被百姓推崇,做出的事情值得仿效,仪容举止值得欣赏,行为举动有分寸,好的统治者会用上述这些言行面对民众。所以百姓会因敬服而崇拜,仿效并趋同。因此好的统治者能成功推行道德教化,进而实施自己的政治方案。《诗经·曹风·鸤鸠》说:‘淑人君子,仪容不马虎。’”

【字词】

圣治,用圣明治天下。

敢,谦词,冒昧,大胆。圣人,对帝王的尊称,又指具有最高道德水准和智慧的人。无以,没有什么可用来。加,超过。

性,生命。行,音 xíng 型,旧音 xìng 杏,品行,德行。大,大于,超过。严父,父亲,或尊敬父亲;严,尊敬,或对父亲的尊称。配天,祭天时以祖先配祭;周代冬至在郊外祭天,同时配祭父祖等先辈,把父辈祖先当作自己和家族的天看待,有以父配天义。则,连词,就,表示因果关系或条件关系。周公其人也,以父祖配天之礼,由周公始定;周公,姓姬名旦,周文王子,周武王弟,周成王叔,曾辅佐文王和武王,成王年幼时周公旦摄行王政,制定了礼乐典章制度,后又辅佐成王,被孔子视为儒家典范。郊祀,古代在郊外祭祀天地;祀,祭祀。后稷,名弃,周人始祖,相传为其母姜嫄踩巨人脚迹后孕育而生,其性好农耕,帝尧时命为农师,封于邰地,即现陕西武功境内,号后稷。宗祀,聚族而祭,或在宗庙祭祖;宗,宗庙,祖庙,祖先,宗族。文王，姓姬名昌，文王时周的实力大增，为灭商奠定了基础。明堂，古代天子宣明政教的地方，祭祀、朝会、庆赏、教学、养老、选士等大典，都在明堂举行。上帝，天帝，帝王。是以，因此，所以。四海，四方，天下。职，职务，职位，进贡，贡品。

膝下，膝盖之下，喻指年幼；膝，膝盖。生，生育子女。因，凭借，借助，依靠。肃，严厉。严，威严，严厉。本，根本，根源，来源。续，延续，继承。厚，财富，醇厚。君，对父母的敬称。临，到，接近，从上往下看。谓，称为，叫做。悖，音 bèi 背，违反，违背。德，心，心意。顺，使动用法，使其顺。逆，反过来，倒过来。则，效法。焉，语助词。善，好的，美好的。凶，凶恶，残暴，不吉利。君子，有道德的人，又为统治者或一般贵族男子的统称。贵，宝贵，崇尚。

思，思想，想法。可，可以，能够，值得。道，谈论。乐，乐意，喜欢，快乐。容止，仪容，举止。观，观赏，欣赏。进退，行为举止。度，标准，限度，风度，气度。畏，敬服，敬畏。爱，喜爱，敬爱，敬重。象，仿效，模仿。《诗》，指《诗经·曹风·鸤鸠》；鸤，音 shī 湿。淑，善良，美好，又特指女子贤良淑静。仪，容貌，仪表，准则，法度。忒，音 tè 特，差误，差错。

【读议】

天地之性，人为贵。这是孔子的观念，也是儒家的价值观。儒家学说最关注社会管理、治国理政，因而也就最关心社会中的人以及社会中人与人之间的关系。如果是道家思想，就完全不同。《道德经》说，道大，天大，地大，人也大，宇宙中有四大，人是其中之一。这是把人与天地万物等同相看，并不把人看得更大、唯我独尊。

宗祀文王于明堂以配上帝。古代天子生活及宣明政教、发布政令的地方叫明堂,祭祀、朝会、庆赏、教学、养老、选士等大典,都在明堂举行。明堂按五行建构,中央的堂叫太庙,东向的堂叫青阳,南向的堂叫明堂(与整体建筑名相同),西向的堂叫总章,北向的堂叫玄堂,各堂的主堂也叫太庙;除中央叫太庙的堂外,各堂两侧都有侧室,称个,左边的侧室叫左个,右边的侧室叫右个,天子依四时、五行规律,每月更换居室。

君亲临之,厚莫重焉。一般都释君为君主,释亲为双亲,这样就要把这句话意释为:父亲对孩子既有君主般威严又有父爱。十分繁琐,也与文义不相匹配。君另有一义,是对父母的敬称,这样的话,君亲就变成了同义词连用,就是敬称父母。厚,一般都释为厚重,这自然没有问题;但厚也有财富义。因此这句话可以译为:有父母的慈爱罩着,没有比这更金贵的财富了。或:有父母的慈爱罩着,没有比这更暖心的了。这样译都是挺好的。

故不爱其亲而爱他人者,谓之悖德。一般都把德释为道德,品德,这固然不错,但这只是一种惯性释义。德还有心、心意等义,悖德在这里应该有违心、虚情假义等意思。因此我根据这整句话的意思,把这句话译为,不孝爱自己的父母却能关爱别人,这叫做违心。或译为:不孝爱自己的父母却能关爱别人,这叫做虚情假义。这些译法应该是到位和恰当的。

纪孝行章第十

【原文】

子曰："孝子之事亲也，居则致其敬，养则致其乐，病则致其忧，丧则致其哀，祭则致其严，五者备矣，然后能事亲。事亲者，居上不骄，为下不乱，在丑不争。居上而骄则亡，为下而乱则刑，在丑而争则兵，三者不除，虽日用三牲之养，犹为不孝也。"

【许译】

孔子说："孝子侍奉父母，平时对父母恭敬，吃饭穿衣时营造欢乐气氛，父母生病时嘘寒问暖，治丧时悲切哀痛，祭祀时恭敬肃穆，这五个方面都能做好，才算做到了孝道。能做到孝道的人，居高位时不会傲慢，居下层时不会作乱，生活在普通大众中不会争抢。居高位时傲慢就会灭亡，居下层时作乱就会遭受刑罚，在普通大众中争抢就有刀枪之灾，这三个方面不摒弃，就算每天用三牲奉养双亲，仍然不算孝子。”

【字词】

纪孝行，此章记述孝子的行为；纪，记述，记载。

居，居住，安居，平时；此指家中日常生活时。致，给予，表达，传达；致又有副词极、最等义，因而这些句子里用致这个词，应该兼有其义。养，供养。乱，反叛，叛乱。丑，众。刑，刑罚，惩罚。兵，用兵器杀死。日，每天。三牲，用来养生或祭祀的三种动物；大三牲为牛、羊、猪，小三牲为猪、鱼、鸡，道家则以麞、鹿、麂为三牲。犹，还，仍然，相当于。

【读议】

本章陈列孝子的理想孝行。这只是一种教科书般完美的理想孝子，日常生活中并不容易完整完备地做到。

五刑章第十一

【原文】

子曰:"五刑之属三千,而罪莫大于不孝。要君者无上,非圣人者无法,非孝者无亲,此大乱之道也。"

【许译】

孔子说:"五种刑罚下有三千条罪名,最大的罪名就是不孝。威胁君主的人目无上峰,诋毁圣人的人不合法度,不讲孝道的人目无双亲,这三种状况是大乱的祸根。

【字词】

五刑,指五种刑罚。

五刑，五种刑罚，有多种不同说法，如墨、劓、剕、宫、大辟。属，音 shǔ 蜀，类。三千，指三千条可以定罪的罪名。要，音 yāo 腰，威胁，胁迫，要挟。君，君主，或古代对天子、诸侯及卿大夫有土地者的通称。非，责难，责怪，诋毁，反对。法，合乎法度。

【读议】

此章将孝道提升为儒家伦理的至高点。在孔子看来，不孝的罪名是最严重的。但总感觉这种说话的口气与文风和孔子的一贯智慧有些抵触。这一段有点不像孔子说的话。

广要道章第十二

【原文】

子曰："教民亲爱，莫善于孝；教民礼顺，莫善于悌；移风易俗，莫善于乐；安上治民，莫善于礼。礼者，敬而已矣。故敬其父，则子悦；敬其兄，则弟悦；敬其君，则臣悦。敬一人，而千万人悦。所敬者寡，而悦者众，此之谓要道矣。"

【许译】

孔子说："教育百姓相亲相爱，没有比劝孝更管用的了；教育民众礼貌和顺，没有比敬爱兄长更可行的了；改变陈旧的风俗，没有比用音乐感化效果更好的了；让国家安定百姓和睦，没有比实行礼制更有效的了。

礼，不过就是恭敬和尊重罢了。所以敬重他人的父亲，他的儿子高兴；敬重他人的兄长，他的弟弟高兴；敬重他人的君主，他的臣子高兴。只敬重一个人，就能让许多人高兴。要敬重的人少，被取悦的人却很多，这就叫起关键作用的道义。”

【字词】

广要道，推行最重要的道义；广，扩大，扩展；要，关键，主要，重要；道，道德，道义，道理。

教，让，叫，教导，教育。礼，以礼相待，表示恭敬。悌，音 tì 剃，敬爱兄长。移，改变。风，风俗，民情。易，更换，改变。俗，习惯，风俗。敬，恭敬，尊重。而已，语气词，相当于罢了。矣，语气词，相当于啊、呀、呢等等。其，代词，此处指他人。悦，喜欢，高兴，快乐。千万，数量多，差别大。一人，此或指一个人。

【读议】

这一章说的是儒家社会治理的要点以及儒家思想奠基人思考和积累的社会治理经验。

广至德章第十三

【原文】

子曰："君子之教以孝也，非家至而日见之也。教以孝，所以敬天下之为人父者也；教以悌，所以敬天下之为人兄者也；教以臣，所以敬天下之为人君者也。《诗》云：'恺悌君子，民之父母。'非至德，其孰能顺民如此其大者乎！"

【许译】

孔子说："君子用孝道来教化民众，不是亲自上门并且每天面对面地宣传。把为孝之道纳入法令，用这种方式告诫百姓要尊敬全社会做了父亲的人；把为悌之道写入告示，靠这种方法告诉大家要尊重全天下做了兄长的人；把为臣之道写成文字，用这种形式明确臣子要敬重天下做了人君的人。《诗经·大雅·泂酌》说：'和乐平易的君子，如同百姓的父母。'没有孝道这种至上的品德，还有什么办法能使大众和睦到这种程度！”

【字词】

广至德，大力宣扬最高境界的道德；广，扩大，扩展；至，最，极；德，此指孝道这种品德。

君子，有道德的人，又为统治者或一般贵族男子的统称。至，动词，到。教，音 jiào 叫，法令；或一种文体，指上对下的告谕；谕，音 yù 玉，皇帝的诏令、告示。所以，用来……的东西；所，代词，此指相关法令或告示；以，介词，用，凭借，依靠。《诗》，此指《诗经·大雅·泂酌》；泂酌，音 jiǒng zhuó 窘灼，从远处酌取。恺悌，和乐平易。孰，疑问代词，谁，什么，哪一个。顺民，顺从民意，或使百姓和顺；顺，顺从，和顺。如此，像这样。大，范围广或程度高。

【读议】

教以孝，所以敬天下之为人父者也。现在的释读本都把这句话里的教释为教化、教育，或把这句话释为国君以身示范；这样释读的话，或没能考虑到教是否有示范义，或与前句重复，总觉没能释读到位。结合上一句，即“君子之教以孝也，非家至而日见之也”来看，这个教字，释为谕告、告示，或法令，最为合适、到位，前后的句义也都通顺无碍了。

非至德，其孰能顺民如此其大者乎。或有两种译法。一种译法是：没有孝道这种至上的品德，还有什么办法能使大众和睦到这种程度！另一种译法是：没有品德至上的君子，还有谁能使大众和睦到这种程度！从本章全文看，都是讨论或称许君子的做法的，包括引用的《诗经》句，因此第二种译法也能很好地表达句义。

广扬名章第十四

【原文】

子曰："君子之事亲孝，故忠可移于君；事兄悌，故顺可移于长；居家理，故治可移于官。是以行成于内，而名立于后世矣。"

【许译】

孔子说："君子既然能够侍奉父母尽孝道，因此也就能把孝道换作忠诚迁移到君臣关系中；君子既然能够侍奉兄长做到悌敬，那么也就能把悌敬换作恭顺迁移到与长官的关系中；君子既然能把家管理得有条有理，那么也就能把这些治家理念换作治国理念迁移到官场。因此实践经验虽先在家中生成，却是通过治国理政才深入人心的。"

【字词】

广扬名，让孝名在更广大的范围内流传；广，扩大，扩展；扬，显扬，称颂。

居家，治家。理，条理。是以，因此，所以。行，行动，作为。名，名誉，名声，名分；指由孝道生成为治道后传扬的名声。世，后代，后嗣，朝代，古代以三十年为一世，父子相继为一世。

【读议】

这一章强调的，还是移孝为忠、以孝治国的理念，这一理念对中国后世社会的治理产生了极其深远的影响。

谏诤章第十五

【原文】

曾子曰："若夫慈爱、恭敬、安亲、扬名，则闻命矣。敢问子从父之令，可谓孝乎？"

子曰："是何言与，是何言与！昔者天子有争臣七人，虽无道，不失其天下；诸侯有争臣五人，虽无道，不失其国；大夫有争臣三人，虽无道，不失其家；士有争友，则身不离于令名；父有争子，则身不陷于不义。故当不义，则子不可以不争于父，臣不可以不争于君。故当不义，则争之。从父之令，又焉得为孝乎！"

【许译】

曾子说："孝爱、恭敬、使父母心安、内孝外忠传佳话这些，俺已经听过老师的教诲了。冒昧请教老师，如果儿子对父亲绝对服从，这可能叫做孝？”

孔子说：“这是什么话，这是什么话呀！从前天子有诤臣七人，就算天子昏聩，也不会失去天下；诸侯有诤臣五人，就算诸侯昏乱，国家也不会灭亡；大夫有诤臣三人，哪怕大夫昏庸，也不会失去食邑；士有诤友，那么美好的名声终身都不会离开；父亲有诤子，就终身不会陷入不义。因此，面对不义，儿子必须规劝父亲，臣子必须规劝君主。（只要）面对不义，就要规劝。绝对地顺从父亲，怎么可能称为孝呢！”

【字词】

谏诤，直言规劝；谏，音 jiàn 剑，用言语规劝尊长或君主；诤，音 zhèng 郑，直言规劝。

若夫，句首语气词，引出下面的话，大意为：至于说……；若，连词，至，至于。慈，孝敬，奉养父母。安亲，使父母安；安，安定，安乐，安逸，使动用法。闻命，接受命令，承命。从，听从，顺从。令，命令。

与，音 yú 鱼，语助词，后写为欤，用来表感叹、疑问或反问。昔者，昨夜，昨日，从前；昔，往日，从前，以前。争，音 zhèng 郑，后写为诤，规劝。虽，连词，表假设或让步，可译为就算、哪怕。无道，国家政治黑暗，或统治者残暴不仁。令名，美好的名声；令，善，美好。当，面对。焉，疑问代词，哪里，怎么。得，能，可能。为，算作，算是，叫做，称为。

【读议】

这几章要联合起来看，特别要与本章谈论的孝道与谏诤的关系联合起来看，孔子的孝道思想才能看得全面、明白。如果只注意上几章对父、君的孝和忠,容易对孔子的孝道观产生误读。

慈爱。在古代汉语中,慈的基本义是由上对下的爱。但慈还有孝敬和奉养父母义。《孝经》主谈孝,因此这里理解为下对上的爱,即孝敬,或孝爱,更合适些。

昔者天子有争臣七人,虽无道,不失其天下;诸侯有争臣五人,虽无道,不失其国;大夫有争臣三人,虽无道,不失其家;士有争友,则身不离于令名;父有争子,则身不陷于不义。这一长段话,中间不适合用句号,因为这一段最前边的昔者,是管着这段后面所有部分的,如果用了句号,那么昔者就只能管天子有争臣这一句了,这显然是不合适并有违作者原意的。

故当不义,则子不可以不争于父,臣不可以不争于君。不可以不争于父,意思是不可以不规劝父亲;如果译为必须规劝父亲,口气则显得绝对,不委婉,没有回旋余地。但我们仔细揣摩上下文就会发现,孔子在这里说的,就是一种必须,就是一种绝对,孔子说,是何言与,是何言与!已经急赤白脸了,已经绝对地否定不加区别的顺从了。因而把“则子不可以不争于父,臣不可以不争于君”句中的不可以,译为必须,应该是合适的。

感应章第十六

【原文】

子曰："昔者明王事父孝，故事天明；事母孝，故事地察；长幼顺，故上下治。天地明察，神明彰矣。故虽天子，必有尊也，言有父也；必有先也，言有兄也。宗庙致敬，不忘亲也；修身慎行，恐辱先也。宗庙致敬，鬼神著矣。孝悌之至，通于神明，光于四海，无所不通。《诗》云：'自西自东，自南自北，无思不服。'"

【许译】

孔子说："从前圣明的帝王用孝道侍奉父亲，因而懂得要像侍奉父亲一样侍奉天；用孝道侍奉母亲，因而知晓要像侍奉母亲一样侍奉地；长幼关系理顺了，因而社会各层级都安定太平。人做的事天地看得很清楚，因此神明就会助力。所以就算贵为天子，也必有比天子还尊贵的人，这说的就是天子的父亲；也必有比天子年长的，这说的就是天子的兄长。到宗庙表达敬意，不忘记双亲；修养自身谨慎做事，就怕辱没了祖先。到宗庙送达敬意，祖先的魂灵都会佑助。发自内心的孝悌，可以通达神明，光耀四方，无处不达。《诗经·大雅·文王有声》说：‘自西到东，自南到北，没有不顺服的。’”

【字词】

感应，相互感知，交相呼应。

明王，英明或圣明的帝王；明，贤明，英明，高明。事天明，懂得如何侍奉天；明，明白，懂得，知道。察，知晓，明白，明了。上下，指社会地位高低不同，或指社会不同阶层。治，治理得好，安定太平。明察，观察得明，了解得透。神明，天地间神的总称。彰，表扬，表彰。父，父亲，父辈。致，传达，表达。亲，父母，亲人。修，修养。著，音 zhuó 灼，附着。《诗》，指《诗经·大雅·文工有声》。自，介词，从。无思不服，即无不服，没有不心悦诚服的；思，语助词，无义；服，顺从，服从，佩服。

【读议】

故事天明。现有释文多把这里的明，释为天帝明白，意为侍奉天帝时，天帝心里是知道的。但事天明和事地察，应该是宾语前置句，正常句式应该是：明王明事天。意为圣明的帝王懂得如何侍奉天，即如侍奉父亲一样侍奉天。

事君章第十七

【原文】

子曰:“君子之事上也,进思尽忠,退思补过,将顺其美,匡救其恶,故上下能相亲也。《诗》云:‘心乎爱矣,遐不谓矣;中心藏之,何日忘之。’”

【许译】

孔子说:“君子侍奉君主,上朝出主意要尽心尽力,退朝后则想着怎样弥补国是的漏洞,推行君主的好方针,纠正君主的坏政策,因此君臣能相互信任。《诗经·小雅·隰桑》说:‘心里对那人有热爱之情,无奈太远无法倾诉;埋藏在心里,到啥时候也不会忘记。’”

【字词】

事君,侍奉君主。

进,上朝做官,进献,献上。思,思考,想法。过,过错,错误。将,推行,奉行,顺从。匡,纠正,端正。救,制止,阻止,挽救,纠正。恶,坏,不好。亲,近,亲密。《诗》,指《诗经·小雅·隰桑》;隰,音 xí 习,低湿的地方。遐,远。

【读议】

退思补过。有释退思补过为不当官后要反思自己的过错,这可能不是恰当的理解。因为假如如此释读,就无法使后句“将顺其美,匡救其恶”顺接,“将顺其美,匡救其恶”都是在仕的臣子才有资格和条件做的事,如果已经退职了,就无法谋其政了。另外,这一章说的都是事君,退职后的反思,就不在此范围之内了。

丧亲章第十八

【原文】

子曰："孝子之丧亲也，哭不偯，礼无容，言不文，服美不安，闻乐不乐，食旨不甘，此哀戚之情也。三日而食，教民无以死伤生；毁不灭性，此圣人之政也；丧不过三年，示民有终也。

"为之棺椁衣衾而举之，陈其簠簋而哀戚之，擗踊哭泣，哀以送之；卜其宅兆，而安措之；为之宗庙，以鬼享之；春秋祭祀，以时思之。生事爱敬，死事哀戚，生民之本尽矣，死生之义备矣，孝子之事亲终矣。"

【许译】

孔子说："孝子的父母去世，孝子的哭声不加修饰发自内心，礼仪方面不守常规，说话也不讲究文采，这时穿着讲究心里感觉不安，听到音乐愉快不起来，吃到美食不觉得好吃，这都是因为内心忧伤。三天后孝子要吃东西，要教育百姓不要因为亲人去世而伤害自己的身体；不能因丧亲过哀而危及孝子生命，这是圣人的政策。居丧不超过三年，这是告诉民众居丧有个结束的期限。

"准备好棺椁寿衣包被安放好逝者，摆放好礼品沉痛哀悼，捶胸顿足地哭泣，悲哀地把父母送走。用占卜的方式选择吉祥的墓穴，安葬父母；在祖庙里祭祀父母，让父母的魂灵享用祭品；四季依时而祭，以便时时思念父母。父母在世时用爱敬侍奉他们，父母去世时用哀戚孝哀他们，人该做的孝道本分都做到了，生养死葬的道义也没留遗憾，孝子侍奉双亲完满结束了。"

【字词】

丧亲，父母过世，处理后事。

丧，音 sàng，失去。哭不偯，哭泣的尾音可自然中止；由于与逝者的关系不同，因此对哭丧者的哭声及拖音有不同要求，这里是说孝子的哭声没有要求，可以自然结束；偯，音 yǐ 蚁，哭泣的余音。容，打扮，装饰。文，形式，修饰，有文采。旨，美味。甘，味美。哀戚，忧伤，悲哀。教，告诉，教育。毁，特指居丧时悲哀过度伤害身体。灭性，丧亲过哀而危及生命。

棺椁，棺材和外棺。衣，上衣，又泛指衣服。衾，音 qīn 侵，特指敛尸的包被。举，托举。陈，陈列，陈设。簠，音 fǔ 斧，祭祀、享宴时用的礼器。簋，音 guǐ 鬼，祭祀、享宴时用的礼器。擗踊，捶胸顿足，形容哀痛至极；擗，音 pì 屁，捶胸；踊，音 yǒng 泳，向上跳起。卜，占卜，古代用烧灼龟甲观察裂纹来预测吉凶的行为。宅，墓地，墓穴。兆，征兆，兆头，占卜时龟甲上出现的裂纹，卜者根据裂纹情况预测吉凶。安措，即安厝，安葬；厝，音 cuò 措，停柩待葬。鬼，迷信称人死后的魂灵为鬼。享，鬼神享用祭品。之，代词，指祭品。春秋，春季和秋季，又泛指四季。时，时常，时时。生民，人民，人类。

【读议】

这一章描述、规定丧事期间的种种细节。这些细节二十年前还活在中国农村的现实生活中。比如哭丧时，有些妇女就要跳起来哭，哭着哭着跳起来，哭着哭着跳起来，并且不时地拍着大腿。

《孝经》周边

《孝经》的作者

《孝经》是我国古代儒家经典之一，也是篇幅最短的古代典籍之一，仅有1800字左右。《孝经》的作者众说纷纭，据胡平生《孝经译注》（北京，中华书局，2009年6月第二版）介绍，大约有以下八种说法：

1.孔子说。班固《汉书·艺文志》说"《孝经》者，孔子为曾子陈孝道也。"

2.曾子说。司马迁《史记·仲尼弟子列传》说：曾参，"孔子以为能通孝道，故授之业。作《孝经》。"

3.曾子门人说。宋人胡寅说："曾子问孝于仲尼，退而与门弟子言之，门弟子类而成书。"（朱彝尊《经义考》卷二二二）

4.子思说。宋人冯椅说："子思作《中庸》，追述其祖之语乃称字，是书（指《孝经》）当成于子思之手。"（王应麟《困学纪闻》）

5.孔子门人说。司马光《古文孝经指解 · 序》说:“故孔子与曾参论孝,而门人书之,谓之《孝经》。”

6.齐鲁间儒者说。朱熹说:“《孝经》独篇首六、七章为本经,其后乃传文,然皆齐鲁陋儒纂取《左氏》诸书之语为之,至有全然不成文理处。”(《经义考》卷二二二)

7.孟子门人说。近人王正己《孝经今考》说:“总之《孝经》的内容,很接近孟子的思想,所以《孝经》大概可以断定是孟子门弟子所著的。”(《古史辨》第四册)

8.汉儒说。姚际恒《古今伪书考》说:“按,是书来历出于汉儒,不惟非孔子作,并非周秦之言也。”

胡平生先生简述了《孝经》作者的 8 种可能性。但由于先秦学者独立著书的情况较少,先秦的典籍又一般不署作者名,因而《孝经》由某一人或某几人,在某一时代或某几时代编著的可能性更大。就像《论语》。《孝经》或就是先秦的一种口述实录。

《孝经》的成书年代

研究《孝经》的学者一般都认为,《孝经》成书的年代,最迟不晚于公元前241年,也有可能是公元前239年,这是因为《吕氏春秋》在这一年修成。《吕氏春秋》是战国末期秦国丞相吕不韦主持召集诸多门客,辑集百家九流学说而成的一部杂家著作,也是先秦典籍中唯一可知写作年代的著作,《史记》称《吕氏春秋》为《吕览》。而《吕氏春秋》在"察微篇"和"孝行览"里引用了《孝经》的文字片段,因而可推知《孝经》的成书年代应该不会晚于《吕氏春秋》的成书年代。

以下是《吕氏春秋·先识览·察微》对《孝经》的引用:

《孝经》曰:"高而不危,所以长守贵也;满而不溢,所以长守富也。富贵不离其身,然后能保其社稷,而和其民人。"

以下是《吕氏春秋·孝行览·孝行》对《孝经》的引用:

故爱其亲,不敢恶人;敬其亲,不敢慢人。爱敬尽于事亲,光耀加于百姓,究于四海,此天子之孝也。

《吕氏春秋·孝行览·孝行》的引用并未直接注明出处。

《孝经》的书名

一般都认为《孝经》的书名与《易经》《诗经》《书经》等书名不同，《孝经》书名中的"经"字，是原有的，来源于"天之经也，地之义也，民之行也"句，《易经》《诗经》《书经》等书名中的"经"字，是汉儒后加的。

"经"字在古代汉语中有经典、根本、原则、常规、道理、规律、正道等义。因此一般都认为，《易经》《诗经》《书经》等书名中的"经"字是经典义，是后加上去的；而《孝经》书名中的"经"字则有根本、原则、常规、道理、规律、正道等义，是原有的。

但既然"经"字在先秦有经典义，因而我觉得也有另一种可能，就是《孝经》的"经"字，也有可能就是经典义，当时人们或只认为《孝经》这本谈论孝道的书是真正的经典，孝是无论哪个学派都不明确反对的一种品德。

今古文《孝经》

《孝经》有今文《孝经》和古文《孝经》之分。

秦以前各国文字互有差别，到秦代书同文，统一了文字规范。经过秦朝焚书坑儒后，汉初发现的先秦《孝经》文本一般人已经不易识读，便由学者用当时流行的小篆或隶书转录、抄写，成为当时的今文《孝经》文本。这里的今，指的是汉初那个时候。

到汉武帝时，鲁恭王在孔子故居的墙壁里发现《论语》《尚书》《礼记》等几十种秦或秦朝以前的文本，其中包括《孝经》。因为这些书是秦朝书同文以前的书，因而称为古文《孝经》。

历朝历代，有人研究今文《孝经》，有人研究古文《孝经》，使《孝经》成为两个研究体系。但今文《孝经》和古文《孝经》在思想和主题方面并没有根本的不同，主要有字数及部分章节上的差异。

当下我们所用《孝经》文本，一般都以清朝阮元校勘的唐玄宗御注的今文十八章《孝经》为底本。一般而言，自唐以来，今文《孝经》总体占据着《孝经》研究的主导地位。

《孝经》的影响

中国历朝历代的社会管理者大都提倡孝道，也大都懂得孝道在凝聚人心、安定社会、传递和谐方面的基础性作用，因而也大多重视发挥《孝经》的独到作用。例如自汉惠帝起，汉代最高统治者的谥号中都有一个孝字，用来称颂孝道；汉文帝时设置《孝经》博士，提供俸禄，倡研《孝经》；汉宣帝时郡县置学校，乡聚设庠序，庠序设《孝经》师一人，使进入小学课程的《孝经》得到快速推广；汉武帝时也把《孝经》作为太子等的主要教科书，并形成教育制度。庠序，就是古代的乡学，又泛指学校；庠，音 xiáng 详，指古代的学校，并特指乡学；序指古代的学校。

唐朝也十分重视孝道教育和《孝经》的作用，唐高宗时将《道德经》和《孝经》奉为上经，是贡举者的必修课。唐玄宗两次注释《孝经》，并要求学校尽力传授，全社会普遍学习。宋太宗两次亲自草书《孝经》，以示提倡;南宋时有孝子为父母报仇,朝廷竟因其孝道而释放;有些成百上千人同居的大家庭,会获得朝廷免徭赋的奖励。金元统治者也折服于孝道和《孝经》稳定社会人心的作用和魅力,规定凡读书先要读《孝经》。明清时期都以孝道和《孝经》为稳定社会的利器而大加宣扬。

《孝经》虽然文字简短、比较好懂,但中国历史上各朝代为使更广大民众了解《孝经》及其孝道,采用了一些更加通俗化的形式,在民间大力推广。自唐宋后,还陆续出现了《三字经》《千字文》《龙文鞭影》《孝传千字文》等读物,在普通百姓中宣传普及孝文化,宋代的《二十四孝图》,更以图画形式影响大众对孝文化的了解与接受。

《孝经》大约在汉武帝时传到朝鲜半岛,秦末汉初传到越南地区,隋以前传到日本,清朝传到欧洲,在各地产生了不同的影响。《孝经》在中国周边儒家文化传布地区的影响很大,例如,在相当于中国唐朝那个时段的朝鲜半岛,统治者设立的国学九年的学程中,《论语》和《孝经》都是必修课;在相当于中国明朝那个时段的日本,社会已经普遍主张孩子在七八岁时就要阅读《孝经》;从十三世纪到十五世纪,越南地区的统治者退位后,许多都被授予孝的谥号,甚至有些统治者在位时,也能得到孝的称号。

中华传统文化的亮点

孝亲文化是中华传统文化的一个突出亮点，并在不断的内部发酵和外部融汇中获得完善。从几千年中国历史看，中华文明只有不断与其他文明、民族文化碰撞和结合，才能不断获得突变和强大的生命力。中华文明在先秦达到高峰后，汉朝与西域、南方各地域文明碰撞结合，南北朝与北方游牧民族碰撞结合，宋元与北方游牧民族碰撞结合，清朝与北方半农耕半游牧民族碰撞结合，20世纪与西方文明碰撞结合，这些发展都成为中华文明的助推剂和加油机，使中华文明不断顺天应时，不断适应、改变并完善。

儒家十三经

《孝经》是儒家十三经之一。也是儒家专题性的伦理学著作。

所谓儒家十三经，指的是十三部儒家经典著作，即《周易》《尚书》《诗经》《周礼》《仪礼》《礼记》《春秋左氏传》《春秋公羊传》《春秋穀梁传》《论语》《孟子》《孝经》《尔雅》。

经史子集

《孝经》按中国古籍分类传统属经类。中国古代学者把图书分为经史子集四大部类,经是儒家经典及相关著作;史是史书,也指正史;子是诸子百家及宗教类著作;集是文集汇编;经史子集之下又可细分为 40 余个类目。

儒家经典早期仅有《诗》《书》《礼》《易》《春秋》所谓五经,东汉时增加了《论语》和《孝经》,称为七经,唐时增加到十二经,宋时增加了《孟子》,成为十三经。

孝在先秦的普适性

先秦时期，孝道观念并非儒家独有，孝或是当时无论哪个思想学派都不明确反对的一种价值观念。

《老子》十九章说："绝圣弃智，民利百倍；绝仁弃义，民复孝慈；绝巧弃利，盗贼无有。"老子反对的是儒家的仁和义，但对孝和慈，他则是肯定的。

当然，老子虽然肯定孝慈，却并不会以社会学、政治学范畴的价值观为其最高价值判断标准。因此他在《老子》十八章里又说："大道废，有仁义；智慧出，有大伪；六亲不和，有孝慈；国家昏乱，有忠臣。"通过这些话，老子与儒家价值观保持了距离。

墨家也认可孝道，《墨子·兼爱下》说："为人君必惠，为人臣必忠，为人父必慈，为人子必孝，为人兄必友，为人弟必悌。故君子莫若欲为惠君、忠臣、慈父、孝子、友兄、悌弟,当若兼之不可不行也。此圣王之道,而万民之大利也。”

先秦时期最重要的思想流派是儒家、道家、墨家、法家四家,此外还有杂家、兵家、纵横家等,这些思想流派对孝的理解、解释和定义可能有不同,但一般而言都不明确否定一般意义上的孝道思想。

孝本天地

《孝经·三才章》说:“子曰:‘夫孝,天之经也,地之义也,民之行也。’”这句话的意思是,孝是天的常规,是地的常理,也是人的天性。这句话从儒家角度看,把天地和人联系在一起,暗示的是一种因果关系,即人的这种天性来源于天地。从道家角度看,表达的是一种并列关系,即人的天性与天地常规常理,都是自然规则的一部分。这实际上说的是人的自然属性。人的文化属性固然很重要,但人的文化属性只能建立在人的自然属性之上,没有人的自然属性,哪来人的文化属性?自然属性的人都不存在,怎么来谈人的文化属性呢?因而孝的本来意思,应该是儿子供养父母,或,儿子要养活父母。

《孝经》的移孝为忠

"故以孝事君则忠，以敬事长则顺。"这是《孝经》倡导的移孝为忠思想。《孝经》的这种"升华"，使孝亲、孝祖这种天经地义人之常性的血缘亲情，发展和扩大为人须遵守的职业道德。这是《孝经》成为中国政治家社会治理经典的关键。

《孝经》在儒家经典中的位置，也正在于它把孝提升、转化为中国社会的一种政治伦理。因而两千多年来，《孝经》对中国的社会管理，产生了极其重大的影响。两个方面看，《孝经》提倡的孝道，既稳定了以家庭为基础的社会结构，强化、固化了人与人之间的责任和义务，也在某种意义上束缚了中国人的思想和手脚。

孝治天下

以孝治天下,这是儒家治理社会的关键观念之一。孝治天下的重点是移孝为忠,即重点由孝祖转向孝忠,或孝祖与孝忠同等重要。师道尊严也是孝治天下的一个重要方面。以孝治国,以孝治天下,要求的不是外部力量的强制和束缚,例如法制的强制和约束,而是内在的恭敬和服从,是众人自身的修习和自我约束。在现代社会中,此二者则缺一不可。缺少了法制,社会公正无法体现;缺少了自我约束,社会就会陷入混乱。虽然缺一不可,但各个社会群体都会有所侧重。

孝亲的内涵与形式

孝敬父母的主要内容有尊亲、敬亲、荣亲、养亲、谏亲、敬终等等。

尊亲就是尊重父母，敬亲就是礼待父母，荣亲就是光宗耀祖，养亲就是供养父母，谏亲就是直言规劝，敬终就是做好父母的后事。

在中国传统文化实践中，尊亲强调的是顺从父母，敬亲强调的是对父母礼多人不怪，养亲强调的是衣食温饱，敬终强调的则是送终前后的规制礼仪。

但孝亲的现代观念与传统观念则有不同的重点和强调。例如尊亲，现代孝亲观念强调的是对父母人格的尊重，子女仅仅顺从父母是远远不够的，也不被认为是真正的尊重，父母和子女有各自的生活、习俗、理想和追求，彼此求同存异才是一种新常态，对父母人格和生活方式的尊重，逐渐被认为是最重要的尊亲内涵。

当代社会也大大淡化了敬亲的仪式感和形式感,子女经常无法跟父母常年厮守在一起,特殊情况下甚至多年不得见面,父母子女间的亲孝关系也愈来愈多地被朋友关系替代,这一方面是引进的西方人情观的影响,另一方面则是中国当代独生子女现状的催生。

荣亲就是把自己的事业做好,使父母脸上有光,使父母受人尊敬。把自己的事业做好,在中国古代主要指官做得大,官大,权大,吃皇粮,收入高,社会地位尊崇。在中国传统社会里,拜官食俸是很多男人最高的理想追求,也与家族的各种利益紧密结合在一起,因而受到人们追捧。这种观念在当代多元价值社会,已经得到很大稀释,职业平等观念则日益深入人心。

谏亲就是直言规劝。谏诤章里说得十分清楚,可谓斩钉截铁。按照孔子的话说,父亲有诤子,就终身不会陷入不义;因此面对不义,儿子必须规劝父亲,臣子必须规劝君主;只要面对不义,就要加以规劝;绝对地顺从父亲,怎么可能称为孝呢!

养亲和敬终观念的内涵和形式百年来已大为改变。古代汉语里,养有养活义,又引申为奉养,因而养亲的基本内容主要是孝子要养活父母,不能让父母衣食无着。引申开来,才有奉养的概念,即孝养父母既要养口体、侍疾病,也要顺其意、乐其心。敬终则要求孝子敬重地按规矩办理好父母的丧葬祭祀等后事。在当下中国社会,虽然养亲和敬终的内涵及形式都已发生翻天覆地的变化,但并未也不应该消失,而是已经通过各种形式深浸入人们的思想和生活之中了。

孝忠与谏诤

《孝经》中不但有对移孝为忠的阐释,也有对直言规劝的强调。在谏诤章里,通过孔子和曾子的对话,能清楚地嗅到孔子对儿子绝对服从父亲论调的吃惊和反感。按照孔子的意思,子女对父母,孝敬是必须的,但谏诤也必不可少,如果谏诤缺位,那么孝悌的内涵就会有结构性缺陷,就会有整个块面的缺陷,因而必须加以反对和强调。

但就像任何言论、作品或成果一样,一旦公开发布,成为公共资源之后,就会因视角、立场、观念、方法、环境等等不同,而被取舍和利用。古代的统治者更有理由选择使用《孝经》中的移孝为忠思想,而偏废《孝经》中的直言规劝理念。

其实,《孝经》讲得很全面,后人则只是择需取用。

孝的最大作用是稳定和谐

孝在中国古代社会中的最大作用，就是使社会稳定、和谐。按照《孝经》的观念，一个人既然能够孝悌父兄，也就应该能孝忠君王；一个人既然能孝忠君王，也就应该能友爱他人。国是家的外延，家是国的内涵。孝悌既然是家庭（家族）和谐的稳定剂，也实际上就是社会和谐的催化剂。从现代文明的观点看，孝的根本性效应，就是人假如能与父母和谐，就能跟其他亲人和谐，就能进而同社会上的其他人和谐，就能同天地自然和谐，更不用说一定能与自己的内心和谐。

孝对超稳定社会结构起关键作用

孝道思想既能稳定社会,也能束缚人们的思想和手脚。在中国古代社会,孝亲和孝忠稳定社会的功能是首要的。在这种伦理环境下,中国社会形成了一种超稳定的国与家社会结构。在这种超稳定社会环境下,我的总结是:中国产生了三大传统,一大传统是足够大,另一大传统是自给自足,再一大传统是建立在前两大传统基础之上的,就是有理由自成一格、独自发展。足够大指的既是地理面积大,也指的是物产丰富、人口众多;自给自足则既指物质财富能够自给,也指丰富的思想能够自足;自成一格、独自发展指的则是内生循环并独享物质和思想的丰富成果。

因此从历史实践看,中国最不怕的就是外部封锁,封锁无法令中国的超稳定社会崩溃。但中国又从来不能真正地关上院门,独自发展,中国的封闭社会总是被外部的力量、经常是武装力量打破,于是起动由开放至闭锁、再由闭锁至开放的不断重复循环。

从发展角度看,过度的锁闭对发展起到封杀作用;从社会稳定、夯实基础角度看,适度的内转又有对浮躁社会的整合融汇作用。因而可知对中国而言,关闭门户与开放发展是一物两面的动态关系,在中华文化和外部力量的双重牵扯下,中国既无法漫然无节制地任意开放,也无法任性固执地独立发展。任何孤立看待此两者的视角,都将被证实无法准确预测中国社会发展的未来。

孔子论孝

《论语》里有许多孔子论孝的言论，展示了孔子心目中的孝道。

例如《论语·里仁篇》里孔子说："父母在，不远游，游必有方。"意思是说，"父母健在时，不要长时间出门，长时间出门时一定要让父母知晓自己的去向。"

《论语·学而篇》里孔子说："弟子入则孝，出则弟，谨而信，泛爱众，而亲仁。行有余力，则以学文。"意思是说："弟子在家行孝道，出门尽弟职，谨慎守信，普爱大众，亲近仁者。这样做了还有余力的话，就再去学习文本。"

《论语·学而篇》里孔子又说："父在，观其志；父没，观其行；三年无改于父之道，可谓孝矣。"意思是说："父亲在世时，观察儿子的志向；父亲不在世了，则观察儿子的行为；如多年不改变父亲生前行为准则，可以说是孝顺了。”

《论语·为政篇》里孔子说：“色难。有事，弟子服其劳；有酒食，先生馔；曾是以为孝乎？”意思是说：“对父母和颜悦色最难。有事情，子女去做；有酒和食物，让父母吃喝；难道这就可以认为是孝吗？”

《论语·为政篇》里孔子说：“今之孝者，是谓能养。至于犬马，皆能有养。不敬，何以别乎？”意思是说：“现在的人所谓孝道，只是能养活父母。至于狗马，都能得到人的喂养。对父母没有孝敬之心，和养活狗马有什么区别呢？”

孝道思想的泛化

孝道思想做为儒家重要价值观之一，常被冠以首德、至德等等名号，以彰显其道德位次。人类所有观念在确立之后都会被引申及泛化，孝道思想也是如此。孝道思想本义是指子女对父母的供养及敬顺，这种观念确立后即逐渐泛化为人对他人的忠诚，对自然的守护，对他物的关爱，对弱者的慈悲，对天地的感恩。

孝道思想的泛化首先应该存在于当时的社会生活中，在当时的社会生活中被泛化后，由孔子、曾子这样的思想家或学者总结、概括，最后形成文本，以《孝经》这样的形式呈现给读书人及大众，再在社会生活中实践、扩展、完善、成熟。

作为价值体系的孝道思想

由于孝的观念是天经地义的，也是人的天性，因而从某种意义看，孝道思想是与生俱来的，所有人都天生具备孝亲冲动，都有孝亲需求。但因为以孔子为代表的儒家思想家体系化了孝亲思想，并向社会呈现了孝亲思想的代表性文本《孝经》，因此作为价值体系的孝道思想，在中国历史上是独一无二的。

感性或理性的孝亲伦理

孝亲思想既是一种感性伦理,也是一种理性伦理。说孝亲思想是一种感性伦理,是说这种思想来源于天经地义和人的天性,是人与生俱来的,不需要教诲和指导。

说孝亲思想是理性伦理,是说这种思想虽然来源于天经地义和人的天性,但仅有这种感性的孝亲观念是完全不能适应人类极其复杂的社会环境的。人还有许多天经地义的天性,比如追求更好的物质生活、精神生活的天性,自利以及利他的天性等等,这些常常相互矛盾、冲突、抵触的天经地义的天性需要理性协调,妥善处理,才能使人类社会保持和谐、公平、有序。因而理性孝亲伦理不可或缺。

理性孝亲伦理在各个社会群体中有不同的表现形式。一般是半自觉半强制的。半自觉是靠文化训练和文化修习获得孝亲的自觉,半强制则是靠法律法规强制约束实现。

孝亲是一种实践性的伦理

孝亲伦理又是一种实践理性伦理。因为在人类社会中，无论如何，孝亲的思想都只能在社会实践中才能不断发展、修补、完善、成熟。没有长时间的社会实践，孝亲思想就只能更多地停留在初始的天经地义和人的天性的感性阶段，不能适应愈益复杂的社会理性现实，更无法耐受突发社会变化的冲击。人类社会发展得越成熟，孝亲伦理也会随之调整得越成熟。

孝亲与利人利己

在中国传统社会中，孝亲被维护、打造或塑造成一种义务，即子女对生养自己的父母需尽的一种不可排除的义务。这自然有它的道理。这种因果关系表述的是，既然你来自父母，那么你感恩和回报父母，就是在人世中必须要完成的一门功课，最好是能以优异成绩毕业的一门功课。这样做的不利之处就是带有一定的要挟和捆绑，似乎并非完全出于自愿。

但并非每个社会都会这样做。在以利己为前提的社会里，人们会认为首先应该利己，因为只有充分地利己，才能展开竞争，才能很好地调动人们的聪明才智，才能最大化地推动社会创造和社会发展，利己的同时或利己之后，就会利人或才去利人，如果人人都这样做，才是理智和合理的。但在以利己为基础的社会中，他人也有可能被置于危险和贫困中而不被救助、照顾，或只有等到别人安顿好之后才能被救助和照顾。

这是两种较为不同的极端的情况。

孝道的动机与检测

孝亲的动机是一个无法忽视的问题。有些人的孝道出于自觉自愿，有些人的孝道出于社会伦理压力，有些人的孝道出于塑造道德形象，有些人的孝道出于法律法规的强制，有些人的孝道出于一时冲动，有些人的孝道则出于生活的挫折、教训和经验。

孝道的动机在一般情况下常常是动态和无法检测的。只有出现突发事件或灾难来临时才有可能看得出来。但孝道并非是为了检测而存在的。孝道对当事人而言，浸透在生活的各个细节之中，时时能够体会到孝道的亲疏和冷暖。

同情与怜悯

同情与怜悯既是人类普遍的与生俱来的情感，是一种以强扶弱的情感，也是孝道的动因之一。父母年富力强时，体现不出子女的孝道；当父母年高力衰时，才能显露出子女的孝道，也才能查验出子女的孝心。在不同的文化环境中，父母年高力衰时，子女可以有不同的孝道。有些社会要求子女要承担与父母相关的一切责任与义务；有些社会则将与父母相关的责任和义务交给相关的社会机构承担，子女仅需给予一定的情感慰藉即可。不同的文化机制则会带来不同的社会规范、社会评价和社会后果。

中华民族的文化气质

中华民族的思想文化气质，从夏商周三代起，甚至包括更久远的部落时代，直到近现代社会，主要是儒家思想气质。道家思想等则起着相对辅助的作用，当然其他思想特别是道家思想也很重要和显著，只是相对而言是起辅助作用的。

儒家思想气质的主要支撑，主要是重孝、亲民、尚仁、贵和、崇礼。重孝就是看重孝道，并使孝道泛化至社会的方方面面；亲民就是以人为本，贴近百姓；尚仁就是崇尚仁义，讲究道德；贵和就是重视公正，珍惜和谐；崇礼就是崇尚礼仪，修养文明。这些，都是中华民族一直以来的传统思想文化本质。

乡饮酒礼时的尊老

先秦已有许多尊老的规矩和习俗。例如春秋时的乡饮酒礼，就有相应的尊老的要求。《礼记·乡饮酒义》说：

“乡饮酒之礼，六十者坐，五十者立侍以听政役，所以明尊长也；六十者三豆，七十者四豆，八十者五豆，九十者六豆，所以明养老也。”

举行乡饮酒礼有各种不同动因，但尊长敬老的规矩则基本不变。政役指乡饮酒礼时的一些事务。豆是一种状如高脚盘的食器，也是一种礼器，一般为陶质，也有青铜制作或木制的。这里有优待长者的意思。

《孝经》之外

父亲气得说我是废人

父亲是 1914 年生人,今年已经八十一岁了。我记得父亲对我一直是很严格,甚至是很严厉的。在农村插队时我表现得还不错,父亲没什么可说的,当然他也不会挂在口头上表扬我,那样(我觉得)他大概就认为我一定要骄傲了。上大学时我有点好吃懒做(看书还是十分勤奋的),所有的体力活我都没兴趣,回家成了个“油瓶倒了不扶”的哥儿,父亲愤怒地不断用一个(也许他认为最能概括的)词“废人”来评价我。接着我开始赶潮流,穿上了几可藏娇的喇叭裤,父亲看不惯,严厉地在母亲面前批评我,说我“变修了”,母亲传达给我,我听了有逆反心理,更加不去改正,父亲有一段时间因此而一直对我很严肃,我不知道他怎么样,但我心里一直是不认同他的。大学毕业工作后我的毛病更多了。我在黄山太平湖的一艘游船上学会了打麻将,父亲知道了,也许他对我完全失望了,也许他是鄙视我，有一阵子他都懒得理我了。又有一段时间，我想方设法要从政府紧要部门调到创作单位去，父亲不认为这是有关人格的事，但他也不认为我的选择有太大的道理。在个人问题上我是以突然袭击的方式向他们宣布我要结婚的，婚后不足一月我们又突然离家另立门户……

1983年底，父亲得了一次心肌梗塞，我们父子几乎永别，而且从那以后，我们的工作地离父亲母亲也越来越远了。随着岁月的流逝，思念之情愈加浓厚，过去的东西反而淡了。现在在我的描绘里，父亲已经完全没有了过去的严厉和严格，只是一个慈祥和蔼的老头，说话时孩子一般地笑着。想想以往自己的不检点，心里是一种强烈的时光不再的感觉，父子间反而靠得愈加近了。去年我因为计划要到外地过一段时间，手头一时紧张，打电话向父亲借五百块钱，并言明不日即还。父亲在电话里说：五百够不够？给你八百吧。他又在电话里激动地说，还什么还？你说说，我们还留钱有什么用！我握着话筒说不出一句话来。后来春节期间一家人团聚在一起，母亲的身体不太好。父亲说想四五月份春暖时到合肥看看，因为大姐和我都在合肥工作，我一时间不知说什么好，因为从宿州到合肥的数百里行程，对他们的体力和脆弱的生活习惯是很大的一次考验。但父亲似乎主意已定，他正色对母亲说，就算是告别，也该去一趟。

我期待着父母亲的到来。我期望四月五月永远是风和日丽、亲人团聚的日子，这种团聚对高龄的父母和远在他地的我们，都是不容易的呀。

显然父亲是极其疼爱我的

在我的记忆里,父亲以前是不重亲情的,至少在表面上,至少在我青少年的记忆里。

小时候父亲从来没有抱过我们,这是我们长大成人工作后,母亲在餐桌上当着父亲的面说的。母亲还一连声地逼问父亲:“你说你可抱过?你说你可抱过?”那时父亲已经六七十岁了,他红着脸,支支吾吾地应付着,看上去,也真有点难为他了。确实,父亲可能是严肃的,也可能是大男子主义的,在我们还是小孩子的时候,他就已经是级别较高的干部了。他不太跟我们说笑,我脑袋里还有他夹着文件包下班的情形:那是一条现在早已不在了的老街,也许我真做了什么不应该做的事情,正好父亲下班从街那头走来,我脸上“啪”地挨了父亲的一巴掌。这一巴掌就成了少年时期父亲留给我的总体印象。

但显然父亲是极其疼爱我的，从他四十二岁才有我，从我们家只有我一个小男孩这样的事实看，他不可能只对我怀有一般的感情。这种感情到我长大了而他慢慢老了、离休了之后终于暴露了出来，起点是我上大学的时候有一年的暑假我一个人到大别山里去。那时候还正在讲阶级斗争的后期，山里的形势给一般人的印象还是复杂的、险峻的。到了山脚下的县城霍山，在母亲一个朋友的朋友家里住了一晚之后，我一个人进山了。我当然没有忘记给家里写信，我把信投到胡家河公社邮电所的信箱里，但是直到我二十多天下山回到家里后又过了半个多月，那封信才蹒跚来到。母亲说，我在山里时父亲急坏了，因为他看的文件多，对复杂的社会有“更多的了解”。但也许是长年的习惯使然，父亲还是不会亲自过问的，他先是催着母亲多次打长途电话到霍山询问，后又多次跟母亲商量要请霍山县广播站广播找人，直到霍山县打电话说我已经下山了才作罢。

从那以后，父亲的变化越来越大，而我（或我们）则离家越来越远，当我在一年里回家一趟两趟时，老父母激动和不知怎么疼爱才好的心情难以掩饰。他们会早早起床兴师动众地去菜市买我最喜欢吃的羊肉，并且买回来一大堆鱼、猪肉、鸡、水果（这些他们大部分都不能吃，即使吃也只能吃很少），吃饭时父亲还会主动问我喝不喝酒，我知道他是希望我喝一点，这是他不知道怎样才能表达他疼爱我的心情的一种表达方式。我们喝一两盅酒，到临走的时候他再给我几瓶带上。我尽量不当着他的面吸烟（因为以前的印象是他一直用一种干脆的态度不准我吸烟的，过了四十岁我还是在乎他以前的态度），但是他主动给我香烟，开始是成包成包地给，后来就成条成条地给，他的烟自然都是好烟，我一点都不想拒绝，虽然我吸烟很少。他还想把各种能给我的东西都给我。他送各种食品给我,让我带回家。他还问我要不要袜子,那种草绿色的纯线袜,起初我还有点不好意思要父亲的这么多东西,我就拒绝了;第二次回家临走时父亲又问我要不要,他还拿给我看,是那种已经不时髦但质量很好的类似军袜的那种袜子,我又很随便地拒绝了。回到自己的家把这件事讲给妻子听,立刻被她狠训一顿,她的道理很浅显:袜子本身并不重要,重要的是父亲想表达他的感情,我的拒绝肯定会让老人家难过的。我恍然大悟,下一趟再去,一到家我就张口向父亲要袜子,我说我没有袜子穿了,现在街上卖的袜子质量都真差;父亲立刻从衣柜里把一直给我留着的一摞抹子拿了出来。袜子真不错,当然这不仅仅是父子情,袜子本身也结实耐穿,而且一点都不显得土气,我当天晚上就穿上它并且在各个房间里来回走动,以便让父亲能不时看到,并且直到现在我还是一直穿着它,穿习惯了,就穿出了更多的感情。

每次我离开时,父母亲都会提前花费很多时间给我捆扎好一个装满了吃食的纸箱。后来父亲又开始给我钱。给钱是从晚辈开始的,逢年过节,父母亲一改以往不给压岁钱的习惯,开始给起压岁钱来了。起初是孙辈一人十块、二十块,渐渐(随着收入的提高和货币的贬值)增至五十块、一百块,有时(当他们得到一笔额外收入,例如增补工资时)他们就会非年非节地给孩子们发学习费。但当然还是以过年时最正规:孩子们一个一个走到二老跟前,像在班里上课发言一样严肃地(也略带拘谨地)说一两句祝福的话,比如:祝爷爷奶奶(外公外奶)身体健康,长命百岁,等等;这些话在我听来一点都不像是某种客套话,它一方面是我们的心声(当然是通过孩子们的小嘴表达了出来),另一方面我也相信这必然是真的。

于是在这种固有的节日氛围里,“年”总是过得圆满而欢乐。“年”每年都有一次,在心底偶尔会泛起一丝短暂的惊慌的情况下,我现在完全感觉到“年”总会这样与父母一起过下去的。会一直过到一个我们连想象都想象不到的远方的。

父亲的照片

父亲许旺熙有张照片，大概是二十世纪五十年代末或六十年代照的，他是1914年生人，那时他应该有四十多岁五十岁左右了，我得承认，我非常自豪，我也非常崇拜这张照片上的父亲，那么英俊、潇洒、时尚，像是一个白马王子，在任何年代都不输别人的，真是难得！

父亲的父母都去世得比较早，所以我们从来都没有祖父祖母的概念，更不惯于喊出“爷爷奶奶”这样的名词，据父亲解放初期的一个自我简介说，“八岁时，母亲病故，家中有父亲、姐姐、弟弟和我四口人，有土地几亩，由于当时生活困难，姐姐给人家做童养媳，弟弟交姑母家养活，我随父亲念了九年私塾，至十八岁。”年青的时候，父亲似乎还在家里教过几年私塾，抗日战争时期参加了革命，后来随部队到山东，参加了解放战争，解放以后他一直在蚌埠、泗洪、五河、灵璧、宿县等地工作，几乎一辈子没离开过淮北平原这块地方。

在我最早的那些记忆里，印象很深的有这么两段，一段是六零年前后父亲在灵璧县渔沟区跃山做工作队的负责人，我们全家都在那里，渔沟因为出奇石，现在已经很有些名气了。那时候冬天的主食就是胡萝卜，顿顿是一锅清煮胡萝卜，吃一顿面条极难，偶尔吃一顿面条，而且只能是绿豆面的面条，不知道为什么总是在夜里。夜里我迷迷糊糊被母亲从热被窝里喊起来，豆面面条的香气直逼命门（就是这种感觉），我本能地立刻就醒了，全然不顾他人，捧碗暴吃起来。我在家里是老小，上面两个姐姐，男孩只我一个，当然不可能有人跟我争抢。作为独子，总是缺乏体谅他人的条件和环境的，我也一直以为诸事必然，对此我到近四十岁时，都没有深切的认识。现在女儿要考大学了，全家都呵护着她，这才有机会能够体会父母对子女的感情，看到女儿的吃相，你只愿她吃多，哪要她吃少呢？

还说六零年吃豆面面条，吃着吃着，豆面面条竟然被我在那时吃够了，后来许久都不喜欢吃面条。到了春天和夏天，我则同般大的孩子上山放羊，渔沟是有山的，八十年代我专门怀旧又去过一次。渔沟的山并不大，但小时候觉得非常大，我们放羊到深山沟上，下面是山沟，上面是石头和田地，我们围堵一只青蛙，就在山沟旁边，经过一番追捂，青蛙终于被我们逮住了，加上各种蚂蚱（用草串成一串一串的）我们就在石板上点火烤来吃，青蛙和蚂蚱都被烤得油滋滋的，吃起来喷喷香。这是小时候印象最深的第一段。

第二段是六十年代中期，父亲担任新汴河工地的副总指挥，那时“文化大革命”武斗有些乱，父亲就带我下新汴河工地，也是一种规避的办法。我们从宿县附近开始步行,那还是春天,真正是春天,不是虚构的,我还记得我们一直在春天的淮北平原上行走的感觉和情形,还有挖河建涵的工地,还有两边长满了刺槐树的河堤,还有为了避免互相闻臭,我和父亲一人到河堤的一边,蹲在堤坡上拉屎的情形,还有农村那些热闹的集市,人山人海,喧嚷非凡。我们到哪个公社,就在公社招待所吃住,当然条件非常简陋,一间大屋子,那就是公社食堂,晚上点着煤油灯,父亲和许多公社干部在屋里说话。屋里热气腾腾的,因为正在烧馋死人的晚饭,记不清是什么饭了,我却已经摇摇欲坠,困得睁不开眼了。吃过晚饭以后,我和父亲通腿睡觉,在记忆里,那是唯一一次和父亲通腿,长大以后,我不喜欢这种睡觉的方式,能避免的话一定会避免,当然在农村插队时或特殊情况时例外。早上起来我们离开了那个公社和热闹的集市,农村的大路上有许多赶集的人,来来往往的,阳光也非常灿烂,父亲在路上为我找了个拉家具的架子车,我就坐在架子车上,一路上越平原、走山地,过了一道山口,然后到了灵璧县城。

也许我对农村的深厚感情,正是从儿童时代的这些记忆中培养起来的。

母亲的美食

在我的记忆里，妈妈那里总是有美食的，也就是有好吃的。我小时候，每天晚上——中午不算，中午时间短，大家上班上学都很匆忙——母亲下班回到家，我一定会第一时间跑去把母亲的包拿过来，打开，从里面翻找好吃的，大多数情况下都不会一无所得。如果当天有什么特殊情况，母亲一进门也会立刻声明，说今天因为什么原因没带好吃的，我就不会再去翻她的包了，虽然有点失望，但如果母亲提前不说，那我的失望可能会更明显一些。母亲可能因为当天晚上没带好吃的给我，有些内疚，她就会赶紧补充说，晚上做好吃的，晚上做好吃的，马上就好。于是系上围裙就进锅屋（厨房）了。

上世纪六七十年代，淮北地区流行吃狗肉，那时吃狗肉是地地道道的传统美食，不像现在会遭到批评和抗议。每天一到傍晚，宿县城隍庙门外的大街边，就有一长溜卖卤狗肉的竹篮子排开，整个城隍庙门口及附近的街巷，于是就慢慢被浓厚的狗肉香笼罩住，使走过路过的人，禁不住要停下来看一看，或蹲下来尝一块，然后不由自主就买一包，带回家喝酒去了，或一到家，家里人就围上来一人捏一块，吃饭前就已经消灭干净了。城隍庙的卤狗肉都放在竹篮子里，才从锅里捞出来就趁热香喷喷地挎到街头了，狗肉上面盖一块厚粗布保温，粗布上只放一块狗肉，给人看到，知道这卖的是狗肉，不是别的肉。街头那些出力气的贩夫走卒，对每天的这种情境烂熟于胸，傍晚收工了，他们必须走到城隍庙这街边来，这是生物钟，他们的腿不由他们自己做主。他们知道哪家狗肉好吃、对味，花几毛钱买一小包杂肉，再从旁边的卤菜摊上称一两炒花生米，用旧报纸包上，再从旁边的百货店里打二两散白酒，靠在百货店的柜台上，或蹲在狗肉摊子旁边，滋一口酒，捏两个花生米扔进嘴里，或撕小小一块狗肉放进嘴里，跟卖狗肉的讲几句闲话，或跟百货店里的店员讲些小城人事，看街头下班的人来来往往，不消停到路灯亮、天黑黑，他们的小酒咪不干，狗肉吃不尽，花生米吃不完，他们总回不了家。

有些干部模样的人走过，被狗肉的香气吸引，停下脚步，站在竹篮子前面看一看，嘴里口水直冒。卖狗肉的说，喷香的狗肉，买一块回家就酒吃呗。干部说，咋卖的？禁不住就在狗肉篮子前蹲下了。卖狗肉的说，还是那个价。边说，边掀开粗布，狗肉的香气和着热气扑鼻而来。卖狗肉的撕一块狗肉递给干部，你尝尝，你尝尝，看可香，不要钱，你尝尝，不香你不买。干部把香喷喷的狗肉塞进嘴里，边无限享受地嚼着，边从篮子里选出一块、或两块中意的狗肉放在秤上。旁边总要围一些人看的，也有些人是等着买的。卖狗肉的称好狗肉，也同时报出份量和价钱，然后从竹篮和粗布之间的夹缝里，抽出一块在家里就撕得规整的旧报纸，把狗肉包好，递给干部。干部递过去钱，接过狗肉，站起身，小心地打开文件包，把狗肉装入去，转身快步离开:是要赶紧回家和家人一起享受这人生的快意呢！

母亲那时候下班回家的包里，就常带有这样的美食。后来到了“文革”时期，母亲到泗县搞社教，工作队住在当地，每个星期才能回家一次。我那时候天天在外面疯玩，并不知道想妈妈，但每到星期六傍晚，我都盼着赶快见到妈妈，因为知道妈妈从泗县回来，一定会带一大包从泗县街头趁热买的香喷喷的熟狗肉回来。泗县到宿县有七八十公里，母亲买好了狗肉，总是一层一层包得紧紧的，然后把包抱在怀里，到家的时候，狗肉往往还是热的。母亲回到家，如果我正在家里，就会第一时间抢过妈妈的包，从里面翻出熟狗肉，哇哇哇哇地大吃起来。母亲总会说，先洗手再吃，先洗手再吃！我哪顾得上洗手，先大饱口福再说，母亲也就不再说了，就去锅屋做事了。现在想来，那时不仅吃狗肉的我有极大的满足感和幸福感，买狗肉回家的母亲也有极大的满足感和幸福感，因为她给亲人带来了快乐和满足，她也必定是快乐和满足的！

卤狗肉是母亲从街头买来的，不是她自己制做的。母亲自己制作的拿手好菜(好吃的)，则有几种是我怎么吃都吃不够的。一种是糖蒜，这是春天新鲜的大蒜上市后，用自己的制作方式制作的一种咸菜。每年春天大蒜上市后，母亲都会买一些回来，倒在门外的空地上晾一晾，然后就利用晚上的时间，把大蒜外面的皮剥去，放进可以密封的坛子里，加入适量的红糖和醋，密封起来，就可以了。我只知道吃，并不知道做，这样的制作方法，只是多年看母亲制作，有时又听母亲讲到制作方法，才知道的，属于纸上谈兵。糖蒜做好了，其实第二天就可以取出食用，因为大蒜本来就是可以生食的。每天晚上母亲都会从坛子里取出一定数量的糖蒜，供全家人晚餐食用，同时再把坛子盖好，这样可以一直吃到下半年，甚至第二年，坛子里的糖蒜都不会坏。如果想更好地保留自家糖蒜那种独有的风味，每年用上一年吃完糖蒜后留下的汁液继续腌制糖蒜，就能很好地保留那种独有的风味了。据母亲说，要保证坛子里的糖蒜不坏，一方面不能直接在坛子里取食，另一方面坛子要封闭得好，不进空气，坛子里醋和红糖组成的液体也要淹过大蒜，这样才能保证糖蒜不会出毛变质。

糖蒜在淮北地区和江淮地区都不是一种大众化的小菜或咸菜，而可能是一种小众化的家传菜。淮北或江淮地区类似的咸菜或小菜是醋蒜，而不是糖蒜。糖蒜的颜色是深红色的，醋蒜的颜色是白色的，制作醋蒜可能只用醋，因此吃起来酸酸的，而糖蒜吃起来不酸，但也不甜，是一种香脆，十分可口、好吃。董静在家里是七个孩子中的老小，本来并不会做家务，嫁给我后慢慢向我母亲学会了做糖蒜。我母亲去世以后，董静继续做糖蒜，每年春天都会从市场上买回来一些新鲜的大蒜，利用无事的周末或晚上的时间，边看电视边剥去大蒜的外皮，制作一些糖蒜，供我们吃上半年或者一年。现在孩子不在身边，我们又经常不在家里吃饭，因此糖蒜制作的数量已经大幅减少。但有了这种带有亲情和体温的传统食物，人的人生感和命运感，就一并涌上来了。糖蒜并不仅仅是一种食物，它还是一种悠然的亲情或乡愁。

另一种咸菜叫腌辣菜。辣菜是冬春生长的一种波纹状叶子的蔬菜，春天到了，许多农民用板车推着堆得高高的辣菜到菜市场去卖，清晨傍晚时还有菜农拉着板车到小街小巷售卖。有时他们把板车往小巷里一个小区的大门口一放，不一会就有小区的主妇来问价钱，再过一会就会有一群主妇来问价钱并挑挑捡捡，接着就陆续有主妇提着一两捆辣菜回家，还有的回家叫来家里的男人，每人提一两捆辣菜回家。辣菜运回家里，要一棵一棵分开，晾一晾，晒一晒，收收水，但不能晾晒得过分，就像制作糖蒜的原料大蒜不能过度晾晒一样，晾晒得过分了，就无法腌成那种特有的腌辣菜了。晾晒收水后，把辣菜归拢起来，堆在一个大陶瓷盆、一个大坛子和一大包盐旁边，主妇就拿一个矮板凳，坐上去，挽起袖子，仿佛要大干一场的样子。从那时开始，整个下午，或大半个晚上，主妇都在做这一件体力活，她要把晾晒得稍微有点收水的辣菜一棵一棵地放进大口的陶瓷盆里，洒上盐，然后像搓衣服那样使劲搓揉辣菜，把辣菜梗叶里的水搓揉出来，搓揉之后，再把这些搓揉过的辣菜放进坛子里去，一层一层有规律地码好。很大的坛子慢慢被那些搓揉过的辣菜占满，这时主妇就会直起酸涨的腰，从旁边搬起每年都使用的几块大青石，放进坛子里，把那些辣菜压住。那些石头都是每年使用的，如果是初次使用，那么这一年的辣菜则不能百分之百保证一定腌好。石头压好后，再用盖子把坛口密封起来，过一些时日，大约总得半月二十天以上吧，腌辣菜就能食用了。

母亲最拿手的是早餐吃的炒辣菜。早餐吃的辣菜一般不放猪肉，但会多放些植物油和辣椒，端上来趁热吃最好吃，既喷喷香，味道又绵软悠长，夹在刚出锅的热腾腾的馒头里吃，一般两个大馒头都打不住。辣菜凉了也十分可口，有时上午在外面跑一圈回来，发现锅屋里有早餐没吃完的炒辣菜，立刻就会抄起筷子过过口瘾。吃了一筷又一筷，不知不觉间，半碗凉了的炒辣菜已经快要被我吃完。这时惊觉起来，赶紧放下筷子逃离锅屋，母亲要是问起来，我则一概不承认，她也就装糊涂不再追问了。董静把我母亲腌辣菜这一招也学得神奇。她现在每年除了腌糖蒜，还腌辣菜，因为家里人少，她腌的辣菜也是越来越少，每年能吃上她腌的辣菜的机会没有几回。有时候她还把自已腌的辣菜当作感情菜送人，一般人她还不送。由于腌得少，不太值得专门到菜市去买鲜辣菜，于是每年到了春天，能就便买到一两捆鲜辣菜，变成她的一个期待，下乡时她总会盯着路边集市，看看能不能碰到卖辣菜的。象腌糖蒜一样，辣菜也不是人人都能去腌的，据说家厨界广泛流传着一个说法，说有的人手臭，腌什么菜都腌不好，一腌菜就臭，一腌菜就坏，不知是什么原因，也不知是什么道理。前些日子，皖南宣城一位朋友送我们一大瓶自家姨娘腌的香菜（用一种专门的白菜腌制而成），宣城香菜本来就好吃，他姨娘腌的这瓶香菜又特别好吃，既香且辣，好吃极了，不吃饭时都想去夹一筷子放进嘴里，吃饭时就更不用说了，为吃这种香菜多添一碗米饭，也是很正常的。

风鸡是母亲做的又一种拿手菜。风鸡就是腊月风干的鸡，或又叫封鸡，因为制作这种鸡，是把鸡完全封上的，风或封，到底是哪一个字，并不确切知道，两个字都能部分地表达这种特色食品的部分意思。记得我们小时候，每年一到隆冬腊月、天寒地冻时节，母亲和外婆，或许还有家里请的保姆，就会把自家养的鸡或鸭、鹅宰杀掉一部分，用来制作风鸡，或风鸭、风鹅。听母亲说，我们小的时候，因为大人上班忙，晚上还经常加班学习，家里的事都顾不上，因此家家没有办法，都得请保姆帮忙，又因为那时没有楼房，家家都住平房，物质又都匮乏，因此家家都在门前或自家院里养鸡、养鸭，补贴家用。我记得我家早期住在一个大院里，前面是公用的大院，屋后还有个可以自家独用的小院，小院里除了养鸡、养鸭、养鹅外，还养过许多兔子，兔子繁殖快，家里的兔子肉好像都吃不完。大院里既住着机关干部，也住着平民百姓，最记得大院东头有一家人，家里有个小伙子，每天出来进去都用雄壮的嗓音唱当时流行的一首歌《毛主席的战士最听党的话》。"毛主席的战士最听党的话，哪里需要到哪里去，哪里艰苦哪安家，祖国要我守边卡，扛起枪杆我就走，打起背包就出发。"曲调雄壮有力，直到现在还如在耳畔。

祖国要我守边卡的"卡"字，念 qiǎ 音，这样才能与"家"字、"发"字合辙押韵，当然，念 kǎ 音也合辙押韵，但那时没有这么念的，那时候父母说到这个字，都念 qiǎ 音，比如哨卡，发卡，卡住了。这个发音也直接影响到我，我一直觉得这么念才是正宗的，也有古音范。但是上世纪八十年代以后，这个音逐渐逐渐都念成了 kǎ 音，连权威电视台新闻播音员都念 kǎ 音。还有"恐吓"的"吓"，那时候都念 hè 音，后来就不完全念 hè 音了，经常在各种场合听到 xià 音。还有"系"，现在都念 xì 音，记得那时候父母都念 jì 音，比如系(jì)鞋带、维系(jì)等等。不过这都不是什么大不了的事。语言最大的原则是约定俗成，这是任谁都改变抗拒不了的规律，把念错的音当成正确的音念，并且逐渐流行开来，完全是市场行为，社会约定。语言和文化本身就不是一定只能如何如何的，是完全可以这样，也完全可以那样的。

到了寒冬腊月，母亲、外婆和保姆把家里养的鸡、鸭、鹅、甚至兔子宰杀一些，有些制作成咸货，还有一些制作成风鸡，虽然也有风鸭，或风鹅，但最好吃的还是风鸡。把鸡在后院宰杀以后，开膛破肚，把鸡内脏都扒出来，但一定不能拔去鸡毛，更不能用开水烫洗，只须开膛破肚即可，然后用盐、花椒、八角、陈皮、茴香、切碎的干红辣椒等等加水配制成佐料，厚厚地糊一层在鸡肚子里，再往鸡肚子里塞满大葱，用绳子把整只鸡连毛带鸡结结实实地捆扎起来，挂到室外的屋檐下，风鸡就算做成了。

上世纪六七十年代，一般年份冬天都比现在冷，风鸡挂在室外的屋檐下，风吹冰冻，鸡肉就会变得十分紧实，再加上佐料的浸渍，鸡肉会变得又紧又红。正月以后从屋檐下取下风鸡，拔除鸡毛，去掉佐料，洗净以后剁成小块，放在柴禾灶烧红的铁锅里翻炒，再加入葱、姜、蒜、干红辣椒、开水，沿铁锅四周贴满发面饼，盖上锅盖，大火猛烧。开饭时锅盖一打开，风鸡、佐料、发面饼混合的香味随着水蒸汽立刻扑涌出来，瞬间弥漫了整个房间。我们小孩子都围在铁锅前眼巴巴立等着要吃，母亲就会用锅铲子先铲下一块发面饼，递到我们手里，还会不停地警告说，烫噢，烫噢，两手换着拿，两手换着拿。我们就两手换着拿那块热腾腾的发面饼，嘴里还不停地往手上吹气来降温。母亲再铲几块红彤彤的风鸡肉放在我们手捧着的发面饼上，我们就迫不及待地赶紧咬一口，然后捧着发面饼跑到大院里，继续和院里的小孩子们玩去了。女孩子跳绳、跳皮筋，男孩子斗鸡、弹琉弹，一边吃，一边玩，别的孩子则一边玩，一边眼巴巴地盯着我们手里的发面饼和风鸡，口水早就流到下巴上了。

除了柴灶风鸡发面饼以外，还有一种母亲用平底锅摊成的早餐薄油饼，也是我的至爱，只是没有办法给它命名。它的做法似乎很简单，早餐前用碗盛半碗或大半碗面粉，打一个或两个鸡蛋在里面，加点盐，加些水，或再加点葱花，用筷子把面粉、鸡蛋、盐、葱花和水完全搅匀，搅成糊糊状，然后把平底锅放在火上加热，从坛子里或盆里挖些猪油放在平底锅里，等猪油融化；猪油在平底锅里融化后，倒些面糊糊进去，然后拿着平底锅的把子，慢慢倾斜，慢慢倾斜，使面糊糊均匀地平摊在平底锅的锅底；当面糊糊进油固化，和锅底接触的那一面略有些焦黄时，用锅铲把薄油饼翻过来，再铲一些猪油放进去，让薄油饼的另一面也吃足油；待另一面也略有点焦黄时，用锅铲把油滋滋的薄油饼折起来，折成长方形或正方形，这一块早餐薄油饼就做好了。除猪油外，也可以用其他食用油，现在用混合油、橄榄油等等，以前用菜籽油、大豆油、花生油，这都算高档的；记得吃油困难时，母亲还用过棉籽油做早餐薄油饼，棉籽油和菜籽油下锅后都要先炼一炼，冒出很大很呛的烟，然后才能煎饼；当然所有的油里，还是以猪油做成的早餐薄油饼味道最肥厚、最好吃。这种美食，我最喜欢吃的是油足、绵软而不焦糊的，趁热时用筷子把油饼夹起来，油香气和面香气立刻就扑面而来，放进嘴里时，油饼香软得似乎马上就化了，并不需要太多的咀嚼。

最后一种是鳝丝汤，也是母亲做的最最好吃的一种食品。印象中那时候喝黄鳝汤都是在夏天，与自然季节是相吻合的。深秋、冬天和春天，黄鳝都在地下冬眠，自然界里见不到黄鳝的影子，只有到了小麦黄熟的时节，也就是立夏节气前后，黄鳝才会陆陆续续苏醒，从河沟、池塘、浅水或湿地的底下钻出来，开始觅食生长。特别是一场暴雨以后，冬春几近干涸的河沟、池塘蓄了不少水，近岸的浅水底下就会出现一个一个小洞，那都是黄鳝洞,是黄鳝结束冬眠的标志。黄鳝买回来后,母亲会把它们放在水盆里,倒满清水养着,吃的时候捉几条上来,剩下的还让它们呆在清水盆里,经常给它们换一换水,把已经脏的水换掉。母亲一般在中午做黄鳝汤,中午吃饭和休息的时间短,做黄鳝汤不需要太多的时间,而黄鳝汤既可以当菜吃,又可以当汤喝,节省做饭和吃饭的时间,吃过饭以后,还可以有时间午休。母亲中午下班回到家后,先把煤球炉打开,把铁锅放到煤球炉上,倒些清水在铁锅里,再洗洗手捉几条黄鳝放在锅里,把锅盖盖上,就可以腾出手去外面做点别的事了。到鸡窝里摸两个母鸡刚下的鸡蛋,到小菜园里拔几棵芫荽(香菜),再回到锅屋的时候,锅里的水已经煮沸了。把黄鳝从沸水里捞出来,放在案板上,左手捏住黄鳝头,另一只手的三个手指卡在黄鳝头下方的脊骨上,左手往后拉,右手往前推,黄鳝身上所有的肉就都纷纷脱落到案板上了。

几条黄鳝都如此这般打理,然后从肉堆里挑出肠子丢掉,再把大块的肉撕碎,另换一个汤锅,里面倒上清水,把黄鳝肉捧进去,切些姜片放进去,加些咸盐、八角、大料、黄花菜,再把刚从鸡窝里摸出来的鸡蛋打在碗里,用筷子搅匀,绕着圈地泼在锅里,盖上锅盖,略烧两分钟,关去炉火,打开锅盖,撒些葱花、芫荽,倒点老醋,特别要多撒些胡椒面在上面,然后用勺子搅匀,稠稠地盛在盆里或碗里,鲜美的黄鳝汤就做好,可以上桌了。母亲做的黄鳝汤鲜辣香浓,既有黄鳝的鲜香,又有鸡蛋的温润,还有葱花和芫荽的清新,胡椒是最关键的辅材,没有胡椒的香辣,黄鳝汤就索然无味了。根据我的观察,母亲做的黄鳝汤,除了关键物胡椒外,还有一个重要的禁忌,就是不能放入新鲜的叶类菜,如果为了增加黄鳝汤的浓度和稠感而加些青菜在里面，黄鳝汤立刻会变得汤菜分离，清汤寡水。夏天的中午，吃两个馒头，喝一碗热辣香浓的黄鳝汤，在那个年代，不仅痛痛快快地出了一身汗，还补充了高质量的蛋白质，也唤醒了夏日倦怠的胃口。饭后冲个澡，该午睡的午睡，该上学的上学，母亲的黄鳝汤是热燥的夏日里最好的享受和期待了。

人小时候大概都跟妈妈亲，都与妈妈有许多亲近的印象深刻的记忆，因为在我们最弱小无助的生命阶段，妈妈总会给我们温暖，给我们好吃的，护佑着我们，使我们有安全感，在妈妈身边我们睡觉都更香一些。我似乎又更进一步。听母亲说，我小时候身体特别不好，特别弱，总是生病，在我的印象里，小时候的我，除了抢那些好吃的吃，除了到处疯玩，就是生病。很小的时候我得过肺结核，那个年代肺结核是非常难治的病，母亲抱着我跑了许多医院都没有治好，有些医生还说我不行了。母亲没有放弃，拿着一位老中医开的药方，写信向全国各地的医药单位求助，后来，靠着从甘肃、贵州、河南等全国各地寄来的中药，我的病竟奇迹般地被治好了。稍稍长大一点后我还是不断地生病，可以说是体弱多病，好像生病变成了我的职业和专长，因此我经常被灌下去各种各样的中药，经常被打各种各样的针剂，动不动就生病了、请假了。记得有一次学校组织上街游行，那时候经常有上街游行的活动，反帝反修呀，支援越南、阿尔巴尼亚呀，都会组织上街游行；因为我生病还没完全好，在街上喊口号，走着走着，我呕吐起来，秽物吐了前面女同学一身，弄得我狼狈极了，老师赶紧安排一位同学送我回了家。又有一次我发烧生病，母亲带我到医院打针，打完针以后到母亲一位好友医生家里说话，她们在说话，我因为发烧口渴要水喝，不一会儿功夫，我已经把人家家里的一暖水瓶开水喝完了，那场面、环境和感觉我现在还记得很清楚。

另有一次，盛夏，母亲从朋友那里打听到怀远农村有一个老医生的偏方管用，就病急乱投医般地带我去看看。那时从怀远县城到那个村子不通车，母亲就带着我一路步行过去，看完病之后，还和别的病人及病人家属在那个老乡医家里搭伙吃了一顿午饭。饭后我又热又困，就在老乡医家门外树下一个两头通风的人字棚里睡了一觉，傍晚时分才又跟着母亲步行走回城里。再有一次，我跟母亲到南京看病，住在南京市中心鼓楼的一家旅馆里，但是看病却要乘公交车到很远的地方去看。很多年以后我再去南京鼓楼，发现那里的道路、地物和我小时候的印象完全一致，我甚至都还清楚地记得里面的小巷怎么走。我小时候还特别喜欢打摆子（疟疾），记得有好多年，每年到天快要大热的时候我都要请假打摆子，仿佛打摆子是我的专利似的。有时候是每天上午打摆子，有时候是每天下午打摆子，一打起摆子来，人就冷得受不了，浑身发抖，摆个不停，蜷在被窝里，盖多少层被还是冷，冷过了，会大汗淋漓出许多汗，出过汗了，折腾过了，人即变得虚脱无力，脆弱不堪，腿脚发飘，走路都走不稳。有时候我打过摆子以后，浑身无力地躺在床上，听到院子里小孩子玩闹的声音，小孩的天性就出来了，就想出去和他们玩，于是强撑着从床上爬起来，嘴干舌苦、东倒西歪地开门出去，慢慢接近弹琉弹的小孩，手扶着墙，看他们玩，看一会腿站不住了，就蹲在墙边看，又蹲不住了，就坐在地上看。

正由于我小时候体弱多病，因此母亲自小就鼓励并引导我多到室外活动，多参加各种课外活动，多多运动。母亲小时候跟着外公念过私塾，我小时候古典文学、传统文化那一点点启蒙，都是母亲带给我的。母亲看我体弱多病，就引导我读许多体育方面的书，那些体育锻炼方面的书籍，有些我现在还保留着，翻看它们，就像小时候的感觉一样。因此那时候我特别喜欢游泳、长距离步行、打篮球、斗鸡（又叫撞拐子，男孩子各人抬起一条腿撞击，谁抬起的腿先着地，就算谁输）、打乒乓球。那时城里有个灯光球场，我迷上了篮球，只要有篮球赛就必须和小伙伴一起去看，从场里没人到场，一直看到空无一人，才恋恋不舍地离去。上小学时我特别喜爱吹笛子，母亲大大小小给我买了十几支竹笛，我至今还记得宿县小隅口十字路口那家国营文具店，记得乐器、体育用品、文具等等的摆放位置，我的第一个红色橡胶篮球也是在那里挑挑拣拣后才买来的。买好笛子后我们就到环城河去找那种又粗又老的芦苇，把又粗又老的芦苇用小刀劈开后，里面有一层内膜，我们就用那层内膜作笛膜贴在竹笛那个发音的孔上，笛子就能吹响了，多余的笛膜就夹在课本里或者作业本里，需要的时候随时拿一片出来，抹点唾沫贴到笛孔上。

后来我又学会了吹口哨，起初是听到比我们大的男孩吹口哨，觉得十分酷炫，十分好奇，就跟着学，却怎么也吹不响。我下决心要学会，就无时无刻地吹，下课嘘嘘地吹，放学走在路上也嘘嘘地吹，下乡玩也吹，到同学家写作业也吹，在街上听到有大人吹口哨就跑过去偷偷看他是怎么吹、嘴撮成什么样子吹的，后来口哨就被我学会了，可以吹得既婉转又响亮，也知道吹口哨的口型大约有两种，一种是把嘴突出来吹，这样能吹出十分响亮和丰厚的音色，另一种是把舌头卷起来吹，这种吹法比较清亮，但声音不太大。有了这种自带的乐器，心情好的时候自吹一段，非常惬意。有一年我们到广西云南采风，住在一个宾馆的二楼，饭前没事时我在二楼走廊靠在栏杆上吹《洪湖水，浪打浪》，吹《红岩颂》，吹了一首又一首老歌，把宾馆的服务员和客人都吸引来看是谁吹的。又有一次参加《上海文学》的采风活动，在车里和张重光先生互相交流吹口哨心得，他吹一支曲子，我也吹一支曲子，十分开心、过瘾。还有一次到马鞍山参加活动，晚上许多人去唱卡拉 OK，我对着话筒吹了几支口哨曲，第二天开会，就有几位当地朋友来找我，说昨晚他们不在，今晚要专门来挑战我，与我比试吹口哨。有一年天津《小说家》主编闻树国先生来组稿，晚上休闲娱乐时我吹了几支口哨曲让他无比惊讶，回去后他还把这一段写进他的散文集里，遗憾他英年早逝了。又有一次乘公交车，我坐在最后一排，看着窗外的街景不由就吹起了《梁祝》，车停在十字路口等红灯，吹着吹着发现一车人都安静下来，似乎都在静心享受，我赶紧打住，车一停车到站我立刻跳下车仓皇而去。在家里没事时我就吹口哨，那时候女儿正在学钢琴，听到我的口哨声，就表扬我说，老爸把附点都吹出来了，我听了既受宠若惊，也洋洋得意。

在母亲的鼓励下，游泳也成了我的挚爱。很小的时候，院里一位姓刘的阿姨夏天傍晚骑车带我去北关游泳池游泳，我抱着一个篮球游到中间，篮球跑了，我人也沉下去了，两手打扑通，喝了许多水，幸好被游泳池岸边的一位救生员发现，跳下水把我捞上岸来。刘阿姨可吓坏了，我在岸上吐吐水，定定神，救生员说，小孩子还得下水游一会，不然他这一辈子都不敢下水游泳了，于是他又带着我到水里游了一会。后来，游泳变成了我的挚爱，每年从 4 月开始，只要有机会，我就天天泡在城外的几条河里，那时候河水很清,水质很好,口渴的时候只消游到河中间,往水下沉一沉,饱喝几口就好了。游泳真是我小时候的文化自信之一,我呆在水里似乎比呆在岸上还自由、自在,夏天在水里一两个小时不上岸是常有的事。我在水下可以憋气很长时间,而且在水下一直都是睁着眼的,水里的情况可以看得很清楚,同伴们在水里相互捉迷藏的时候,他们总是抓不到我,远远地看见他们的腿在上面乱蹬,我一伸手就把他们拉到水里喝几口水了,看见他们潜水下来了,我就往下沉得更深,直到他们憋不住气慌忙回到水面上换气去。有一次,一帮比我们大的野孩子跳下水要闷我们,我沉到水下他们捉不住我,他们就在水面上等,他们打算等我露头时就按住我的头把我闷到水下喝水,可是等来等去等不到我上来,他们怕出人命,心慌了,上岸要走,这时我才从河中间慢慢冒出来。

母亲不断鼓励我到外面去野着玩,以此来增加我的活动量、增强体质,恰好我们成长的那个时期,又不是一个强调学习书本知识而仅强调政治观点的时代,少学习一些知识没关系,只要根红苗正就可以了。在那样一个个人背景和时代背景下,我跟一位住在北关的同学宝山学会了钓黄鳝。宝山家住在北关大街旁边的一个小院子里,当时地市一级的城市,没有什么高楼大厦,如果有个三层高的楼房,就很气派了,那不是政府部门,就是当地政府或商业局、交通局的宾馆招待所。当时的民房都很接地气,都是平房。宝山家住的是他们自己家的房子,房子里有些黑,进去之后要适应一会才能看得清里面的陈设摆件。自从知道宝山会钓黄鳝以后,不知怎么的,我就迷上了,跟他结成了不解之缘,没事我就往他家跑,和他一起蹲在他家堂屋门口,看他怎样用烧红的钢条做黄鳝钩,然后和他一起到一个比较潮湿松软的树下或到一个下水道附近的地里去挖蚯蚓。宝山知道哪里有蚯蚓，其实有些地方的蚯蚓根本就是他养的，他会常往那些地方扔烂菜叶，常往那些地方浇洗菜淘米水，有时候还会把在其他地方挖来钓黄鳝但没用完的蚯蚓倒在那些地方，让他们杂交繁殖。但不是所有的蚯蚓都能拿来钓黄鳝的，细的不行，因为黄鳝钩是用细钢丝弯成的，蚯蚓太细了，穿不进去；红色的粗蚯蚓也不理想，因为红蚯蚓细皮嫩肉，禁不得黄鳝的咂吧，一来二去，蚯蚓就破碎不能用了；最理想的是那种我们称为骚蚯蚓的蚯蚓，骚蚯蚓是青绿色的，一股骚味，而且味道很大，粘在手上，要好好用香肥皂洗手才能勉强洗掉，但这种骚蚯蚓皮厚，皮实，穿在黄鳝钩上，很耐用。

夏天从上午开始，一直到傍晚，甚至天黑，宝山几乎每天都会在环城河旁或附近的郊区河渠沟塘边钓黄鳝，因为天天暴露在太阳下，因此宝山晒得很黑，身上和脸上都晒得油光发亮。我和小伙伴们在环城河游泳或钓鱼，常能碰见他一手拿着黄鳝钩，一手拎着黄鳝袋，袋子里一定会装着黄鳝，有时少一点，有时多一点，有时甚至已经装满一袋黄鳝了，没有哪一次他是空着手的。这些黄鳝宝山家会拿到菜市去卖，因此他的这一门技术，不是玩的，是用来补贴家用的。我跟着宝山在城里钓黄鳝的次数并不多，但仅有的那么几次，都给我留下极其深刻的印象。挖到蚯蚓后，我就跟着宝山沿环城河溜达起来，当然，宝山一般不会去那些平铺直叙的河岸，因为那些地方过于平直，没有隐藏的地方，黄鳝没法在那里钻土打洞。黄鳝喜欢在河边芦苇荡的陡岸上打洞，因为芦苇的根盘根错节，相互交错，黄鳝很容易在芦苇根里钻来钻去，便于隐藏。黄鳝也喜欢在河岸比较曲折陡直的地方打洞居住，因为河岸比较陡直曲折的地方不会一览无余，上面又长满了巴根草，巴根草长得很长，从河岸上倒垂下去，能把陡岸上许多地方都遮住。黄鳝还喜欢在桥洞附近的石坡里居住，那些地方的石缝里十分方便黄鳝藏身，而且还毋须劳烦自己费力打洞。

河岸边妇女洗衣服的青石阶附近也是黄鳝喜欢呆的地方，那里从早到晚，每天都有大量人员来往，主要是妇女在那里洗衣服，她们穿着自己缝制的五颜六色的短袖衫，或无袖衫，下身穿着同样是自己缝制的花裤头，她们往往会用大竹篮子挎着满满一竹篮子衣服来洗，各人占一块地方，下到水里，把衣服浸湿以后打上肥皂，然后就举起棒槌，此起彼伏地槌打起来。不知道黄鳝为什么喜欢在这样嘈杂喧嚣的地方居住捕食，它们想必不会明白大隐隐于市的道理吧。有一次宝山从洗衣服妇女身边的石缝里钓上来一条乱扭乱转的黄鳝时，着实把那些正在全神贯注洗衣服的妇女们吓了一大跳。又有一次我们在北校场旁边的一个小水塘边钓上来几条大黄鳝，那里是什么地方呀，那里每天人来人往，特别是傍晚，会有无数的人在那里跑步、打球、跳远、跳高、玩耍、观看。宝山最绝的是能在芦苇荡里钓到黄鳝。芦苇荡里有许多小路，又有许多湿地、浅水，地形十分复杂，既方便隐蔽，各种生物也比较多，黄鳝取食容易，因此黄鳝最喜欢在芦苇荡里安身。芦苇荡里复杂的地形给钓黄鳝的人带来很多不便，因为芦苇的根部到处是洞，到处是缝，都有可能隐藏着黄鳝，如果在所有的地方试探寻找，既耗工费时，效果也很差。宝山技高一筹，他进了芦苇荡以后，这看看，那瞅瞅，不时蹲下来用黄鳝钩在水里戳戳碰碰，有时候还赤脚下到水里，面对着岸边用手在水下摸，不一会，只见他嘴一咧笑起来，就攥着一根酒盅粗的黄鳝上来了。

师傅领进门，修行在个人，宝山把钓黄鳝当成补贴家用的手段，我则把钓黄鳝当成一件好玩的趣事，那是少年时代一段极其难忘的经历。跟宝山看过两回钓黄鳝以后，我一时对钓黄鳝痴迷到无以复加的地步，我开始在母亲的帮助下到处找那种细的钢丝，在火上烧红后，用钳子弯成黄鳝钩，黄鳝钩的另一端做一个圆圈，上面拴一根结实的棉绳。棉绳有大约十厘米长，这是有讲究的，当黄鳝吃食被钩住下巴时，它立刻会旋转起来，如果这时你仍然拿着黄鳝钩和它硬别，黄鳝马上就会脱钩，你再也钓不到它了，这时如果它旋转起来，你拿黄鳝钩的手指也恰到好处地退到棉绳上，棉绳会跟着黄鳝钩一起旋转，黄鳝就怎么也脱不了钩了。黄鳝钩做好了，蚯蚓也挖好了，装黄鳝的袋子母亲也帮我缝好了，于是一整个夏天，只要有机会，我都会穿一双黄球鞋，一条蓝裤，一个红背心，早出晚归，行走在太阳底下，行走在平原上、村庄边，沿着小河、水渠、池塘钓黄鳝，渴了，就跑到村庄人家里去喝水，饿了，在村子里喝水时从人家馍筐里拿半块黑面馍吃(农村人都好客得很，你不嫌他家是剩馍，他还觉得你看得起他呢!)或者就忍忍，傍晚到家再吃。在城郊或环城河钓黄鳝可以按时到家吃饭，可我经常跑一二十里路到乡下去钓黄鳝，就只得饿着了，来回三四十里，身上晒得冒油，腿脚跑得酸胀，但是当水里的黄鳝被我钓上来的时候，那种快乐却没有办法说出来。

有一次在一个偏远的乡下，我还没走近河边，就看见一个东西快速地爬进水里。我连忙跑过去，往水下看，那是一条比较浅的小河，河床上也没有多少水草，只见一只菜盘大小的老鳖正自欺欺人地缩着头伏在水下的河床上，我悄悄脱了鞋，下到水里，一把按住老鳖，它就成了我的袋中物。仲夏时节，久旱无雨，小河小沟和池塘都干了，夜里突然下了一场暴雨，当天不要下乡去钓黄鳝，因为暴雨刚灌满小河小沟，水都浑着，水底下的东西啥都看不见，过一天再去，水就澄清了。走到一个荒僻无人的小河边，这时只见清澈的河水底下的河床上，冒出来无数个圆洞，那些洞有的大，有的小，有的光滑，有的不光滑，光滑的就是黄鳝洞，这场暴雨结束了这条小河里黄鳝的冬眠。脱了鞋下到河床上，专挑那些较大而又光滑的洞去钓，就像在水里拣拾黄鳝一样，一会钓上来一个，一会又钓上来一个，有时候看到河床上到处都是黄鳝洞，简直不知道先钓哪个好，脚都不带挪窝的，左右开弓，不到一小时，黄鳝袋已经装满了，只好悻悻地回到岸上，洗洗脚，穿上鞋，返回城里。于是在那几年的夏天，家里天天都有黄鳝吃，由于黄鳝数量足够，因此母亲不但每天会做她最拿手、我们最喜欢吃的黄鳝汤，还会把剔去了骨头的黄鳝肉用辣椒来爆炒，那也是香辣无比的美味，吃到嘴里时，黄鳝肉的鲜香，辣椒的香辣，都使人难以忘怀。

我少年时的那个年代，不是个崇尚学习的年代，那倒给我们这些孩子留下了无比丰富的少年记忆，也正好契合了母亲希望我多到外面活动增强体质的初衷，不过没有家长和学校的管教，我们也常干些不好的事情。记得那时候经常下大雪，一下大雪家家的孩子都开始在大院里自家门口堆雪人，如果有大人帮忙的话，雪人就会堆得非常大，我们几个小伙伴会从家里拿来炭铲子，合力把雪人肚子掏空，然后找来大人不用的硬纸盒把门挡起来，再找几块砖头放在里面当凳子坐。一吃过晚饭，我们就悄悄从家里溜出来，陆续到某一个雪人肚子里集合了，有时候在这个雪人肚子里,有时候在那个雪人肚子里,就像做地下工作的一样,要制造一种神秘感才有刺激。小伙伴们还会轮流从大人那里偷几根香烟来吸,来满足好奇感。我从父亲那里偷的是“奔月”牌香烟,偷烟时鬼鬼祟祟、心惊胆战,趁父亲母亲看不见时,从已经拆封但香烟还比较多的烟盒里偷一根两根,如果烟盒里烟已经比较少了就不能再偷了,容易被父亲发现。偷到烟以后,神情紧张地从父母卧室出来说,要和小伙伴们玩一会去,就在院子里,听到母亲说早点回家睡觉的话以后,就故作镇定地走出去带上门,然后长出一口大气,一溜烟地跑到和小伙伴事先讲好的雪人那里,钻进雪人肚子里。小伙伴们都迫不及待地问,烟可偷到了?我说偷到了,几个孩子就凑到一块,你一口我一口地吸起来,不一会就把雪人肚子里弄得乌烟瘴气了。大雪以后环城河就封冻了,我们一群小伙伴就穿着棉鞋在环城河里溜冰。稍微再大点以后,我们成了院子里那些稍大些孩子的小跟班,那时候大人都忙,碰上学习、下乡搞运动、搞路线教育,顾不上我们小孩,我们就自己到处野着玩。有一天那几个大孩子密谋偷人家的鸡来炖了吃,白天我们踩好点,晚上我们集中到杭立民家,杭立民家只有他一个人在家,我们就有的打牌争上游,有的看小画书,有的吸从大人那里偷来的香烟,消磨时间。到了半夜,杭立民他们几个大孩子,就带着我们悄悄摸到那户人家门口,我们几个小孩在四面八方望风,他们几个大孩打开鸡笼门,从里面偷了一只鸡,又把鸡笼关上了,夜里的鸡也不叫唤。我们跑回杭立民家,几个大孩子把鸡杀了,把鸡炖得稀花烂,撒上盐,香得不得了,我们一边打牌,一边大块吃鸡肉、喝鸡汤。偷偷摸摸的日子过得似乎十分刺激。不过那样的事情也只做了那一次。

在母亲的鼓励下,有一年夏天我突然爱上了徒步行走。那是上世纪七十年代初,每年一到盛夏放暑假的时节,我就开始了徒步行走,一般都是在早饭后,也没有什么事,也不是要去做什么,但有一个具体的地名,吃过早饭,穿个短裤,穿个背心,穿个黄球鞋,却从来不戴帽子,就出门了,走出城市,走到城外,沿着一条公路,一直往前走。太阳越升越正,越升越高,一直升到头顶上,阳光越来越强,越来越强,越来越像有一盆炭火不断从头顶上往下倾倒一样,温度越来越高,越来越高,那时候的空气没有半点污染,因此阳光直射,明亮炫目。我却越走越有劲,天越热,反倒越激发了我的斗志,我走得越坚定,步伐也迈得越有力,人也越兴奋。我走热了,就把背心脱下来,有时顶在头上,有时甩在肩头,用一只手勾着,另一只手甩开,大步往前走。那时候的公路以砂石路为主,一路走下来,脚上、腿上都是灰。起初我走的路程比较短,早饭后出门,走到北十里,或走到紫芦湖,或走到西十里铺,或走到梅庵子,就返回了,后来我越走越上瘾,越走越带劲,也越走越远,有时候走到离城二十里的朱仙庄,或离城二十多里的西二铺,或离城十五里的桃园集,或与蒙城县交界的一个小集市,或与濉溪县交界的一个小集市。走到那些地方时,天也晌午了,要么在路边的小茶水摊喝一碗梗子茶,和拉架子车在茶摊歇脚的农民说说话,和他们互递一支烟吸(都是从父亲烟盒里偷的),有剩油条就买几根剩油条吃,或者在路边小店用一两粮票买一小盒饼干吃,歇够了,再转身顺来路返身城里。这样来回少则三四十里,多则五六十里,傍晚回到家中,虽然腿脚有些酸乏,心灵上却感觉有极大的满足,脚力也变得精健无比,平时如果需要步行几里路,就完全不当作一回事了。

少年时养下的习惯,此后一直延续着,每年一到夏天,心里就痒痒抓抓的,脚步不由自主就往外面走去。1978 年我上大学,第一年的暑假脚筋发痒,不由自主地走回了泗洪老家。第二年的暑假脚筋又痒,不由自主地走进了大别山,在大别山里步行到大化坪,到青枫岭,到白莲崖,到胡家河,到白马尖。第三年暑假脚筋更痒,不由自主走起来,走到了甘肃、青海、宁夏,在青海的柴达木盆地和浙江的两个个体牙医作伴,晚上住灰尘很厚的废车厢,白天在高原的道路上步行,碰到少数民族的拖拉机就拦拖拉机,碰到解放军的军车就扒解放军的军车,没车就步行,从天棚一直走到天峻县。

后来步行走淮河及淮河的支流也是少年行走的延续。那一次走淮河北岸支流浍河,初夏的早晨从园宅集出发,一路走过浍河水结香涧湖的湿地,只见芦苇紫红色的幼芽正纷纷冒出浅水和湿地,这里一片,那里一汪,这里一片紫云,那里一片红雾,既远在天边,又近在眼前,我望得呆住了,因为从来没有见过这种浩大芦苇幼芽的阵势,我呆呆地站在湿地边缘,由近至远地看,又由远及近地看,看了许久,我又小心择路地走进有干有湿的湿地里,在紫红色的芦苇幼芽的阵仗里穿行,呼吸着带芦苇幼芽清香味的空气,满目都是植物萌芽的身影,都是雀鸟飞过的痕迹,满耳都是鸟雀婉转悠远的歌唱,眼见着春天的热气腾腾上升,胸襟里涌满春天催人的鼓动。又一次仲夏走濉河,在灰古东边的河坡上蹲下来看一窝叫油子从一个土洞里,一个一个小心翼翼地陆续钻出来,坐在沙土地上听仲夏的暖风吹动杨树叶哗啦哗啦地响,杨树叶被风吹得左右翻动,就像在不知疲倦地展示它叶面的美一般。

有两年在北京城里小住，但到了初夏麦熟季节就打熬不住，一定要乘车回到平原上走路看小麦。乘绿皮火车悠然到颍河附近的黄桥，住在一个小旅店里，然后冒着大太阳在黄桥附近的平原上、小河边、麦田里、土路上、荒草间，晒一晒、走一走，才觉得心安了下来，情绪才稳定下来。经过黄桥火车站时，请道口工人帮忙拍了张照片，洗出来后吓了一跳，虽然我皮肤较黑，但那张照片中的我，脸被夏天的阳光浆得发亮，不过那笑容却是发自内里的健康和开心。盛夏时节我还会乘车到一个叫新仓的小镇去，盛夏的正午，三四十度的高温，空气灼人，街上、村里几乎没有一个人呆在外面，这正是我独霸天地的好时机，我穿着长裤、T 恤、皮鞋，迈开脚步，从小镇东边走到河堤上，然后沿着河堤一路向东走；一般而言，我都是全神贯注地走，但周围的地形、地物、村庄、人迹，也全都会被我看在眼里、记在心头；我在高温酷暑里一直走，一直走，一直走向前方我并不知晓的地方，那时只是想，不论走到哪里，只管一直沿着河堤往前走往前走就可以了，无论走到哪里。

正由于我少年时期总是在盛夏时节外出活动，钓黄鳝、步行、游泳，因此我从来不怕夏天，不怕热辣辣的阳光，不怕太阳的暴晒。我对夏天特别来感觉，盛夏野外的热空气，盛夏河边烫人的沙土地，盛夏河面上炫目的波纹，盛夏田野里绵软的作物叶片，盛夏野外的一切，我都特别觉得亲切、熟悉、自来熟。40 年后有一个盛夏的中午，我开车到一个地方办事，那里有一个巨大而空旷的停车场，酷阳高照，明光晃晃，所有在那里停车的人，要么下了车匆忙跑走了，女士则赶紧撑起遮阳伞离去。我下了车，却突然感觉到一种久违的对盛夏阳光的亲切、熟悉和亲近。我锁了车门，在空无一人的巨大的停车场里，沐浴着盛夏正午热辣的阳光，慢慢从停车场的一端，走到停车场的另一端。我去办完事以后，匆忙又回到停车场，又慢慢从停车场的一端，走到停车场的另一端，无比满足地大口呼吸着膨胀灼热的空气，让我的全身沐浴火热的阳光，那真是一种久违的巨大的享受，无与伦比的顶尖的享受！每个人都有他的尖峰时刻，那一刻也正是我的尖峰时刻！那真是一种无比巨大的享受！

真的要发自内心地感恩妈妈小时候对我的鼓励和引导！母亲对我到处跑着玩，对我钓黄鳝，对我戏水游泳，对我徒步行走，一直是鼓励有加的，她知道这对改变我小时候的体弱多病有太多的好处，其实这是母亲帮助我建立起了我一生得益的一种生活方式。少年时我跑遍了宿县城郊的村村落落，后来在这种生活方式的指引下，我又跑遍了淮河流域的河河汊汊，再后来我在这种生活方式的指引下，又情不自禁地跑去了大别山、大西北、太行山，跑去了华北平原、青藏高原。我的身体在不断的行走和行动中变得健康起来，变得动态平衡了，我的心灵也永远不会死水一潭了，我的思想受到这种生活方式的影响，也变得动态平衡了，起码我知道看事物、看天地、看社会、看人生，都要动态且平衡地去看，不会把它们看成死的、看成一成不变的、看成扭曲的、看成比例失调的，起码我会告诉我自己，前途和风景都只在自己的脚下，只要你走起来、行动起来，就能见得到风景和远方，就能找到出路，就能使思路活泛、清晰起来，就有前途、有办法。

1999 年秋天，父亲生病住在宿州的医院里，看起来病并不怎么严重，吃饭、说话、气色，都还很好，但医生却希望能转院到省城的医院去治疗，说在当地没有什么治疗的手段，于是父母亲在二姐陪护下来到省城，住进省立医院治疗。父亲住院诸事安排妥当后，我陪母亲去附近找一家宾馆给母亲住，母亲说这样她每天去医院方便，也不用走太多的路。母亲退休前后身体就很弱，于是她自己就积极锻炼，每天天不亮就起来，把米淘进锅里，放在炉子上慢慢熬着，上面放些馒头之类，她再到小院里做些活动，如果天气不好，她就到楼上房间活动身体，等她锻炼好了，稀饭也熬好了，馒头也热了，她和父亲就这样过着有规律的生活。到省城以后，她的生活规律就被打乱了，但她早晨还是要按时起来锻炼身体，因此找来找去，在离医院不远的地方，找到一个环境比较好的宾馆，方便母亲早起锻炼。住宿一切都安排好之后，我和母亲从医院返回宾馆，走在夜晚的大街上，母亲叹了一口气说，你爸这次凶多吉少，恐怕他回不了家了。我说，不会的，俺爸看起来各方面都还好，没有那么严重吧。母亲不说这个话题了，她走着走着，又平静地叹了一口气说，我这次也是舍命陪君子了。

父亲在医院里住妥以后，每天都按常规输液治疗，他每天早上醒来，洗脸时都要用湿毛巾擦头，用梳子梳头，他说这样头发不容易干枯、变白。是的，父亲长相英俊，儒雅大气，在这些生活细节上，他都非常注意，一直到 80 多岁，他的头发也还只是花白的。有一天天气晴好，父亲对我说，想要理一理发，光一光胡子，胡子长长了，不好看。我赶紧跑到医院外面去，找到一家理发店，请一位女理发师去给父亲理发、剃胡子。女理发师在医院附近开理发店，可能对到医院给病人理发并不陌生，她也很敬业，中间甚至会用一条腿跪在床上，细致地给父亲理了发，光了胡子。理了发、光了胡子的父亲，看上去就像换了一个人，十分精神。但母亲的感觉是对的，父亲二十天后就走了。我那些年因为工作的关系，抽起烟来了，但在父亲住院的那二十天里，医院不准抽烟，我也没有心情抽烟，送走父亲以后，我就完全不抽烟了，这不是刻意的戒烟，又过了近20年，到现在为止，我始终没有重新抽烟的欲望。父亲走了以后，有几天我住在父母家的楼上，陪一陪母亲，但是那几天夜里出乎我的意料，我常常醒来，有时能听见父亲特有的咳嗽声，有时能看见父亲的身影，而且父亲的形象特别真实。本来我以为自己年岁也不小了，又有一定的思想准备，对父亲的感情已经沉淀下来了，却想不到在那样寂静的夜晚，眼泪会控制不住地哗啦哗啦从眼窝里涌出来，一直涌出来，一直涌出来，完全完全控制不住，就那样一直涌出来，把枕头浸湿一片。

父亲去世以后，母亲希望一个人住，她喜欢清静，不喜欢喧闹，也不想打扰我们，但在我们的坚持下，她自己找了个保姆帮她做些事。我们每年春节都一定会回去和母亲住上几天，国庆节也要回去，因为父亲是国庆节前走的，又正好是放假的时候，大家都有些时间。每次回到母亲家里，每次吃过晚饭，只要看见母亲坐在客厅的沙发上休息，我就会走过去紧紧挨在母亲身边，有时候搂着她瘦弱的肩膀，有时候握住她苍老的手，放在自己的手里，和她说些大舅、表姐、泗县、泗洪的事，然后在国庆假期中到马山公墓去看父亲，那时候还写了一篇文字来纪录这件事。

早就跟母亲说好，父亲去世一周年，我们十月一号回去，到马山公墓去看看父亲。这样的计划，从八月初说到九月初，又从九月初说到九月底，十月一号，女儿去军训，我和妻子到了宿州，到宿州时，天正下着秋雨，雨虽然不大，但下个不停，听母亲说，这样的连阴雨天已经有十几天了，人出门不便，天天圈在家里，雨下得人心里都有些烦了。当晚安顿睡下，一夜无话。

因为住在一处干休所的大院里，老干部们年龄都大了，都七老八十的，这些年，不断有老人去世，我们昨晚到时，看见院子里一处地方又摆了许多花圈，不知道又是哪位老人去世了。早上起来，天仍然阴雨，去马山公墓有一段路是泥路，连续的阴雨天，泥路已经不知翻成什么样的泥浆了，车恐怕是进不去的。这一天我们闲在家里，先是上街给母亲买来两只她喜欢吃的新鲜的符离集烧鸡，再透过窗子，看院里院外的秋天的果实：一树山楂红果儿，红灿灿的，把枝子都压弯了，另一树懒柿子，果实累累，也是红灿灿的，看上去叫人爱慕不尽，还有一树柿子，那是北京柿子的一种，果实碗口儿大，半青半黄的，把树枝全压坠下来了。这些树都是父亲生前和母亲一块栽下的，果实要收获了，父亲却走了，再也看不见这些蓬勃旺盛生长着的东西了，想到这些，心里总有一种异样的滋味。

第三天天晴了，联系好的车却走不了，因为十月三号那天是农历的九月初六，好日子，结婚的人多，车子要接送新娘，虽然我们不知新娘姓甚名谁，长相丑俊，嫁与何人，但这是天大的好事，人生的大希望，不多是从这种时刻开始的吗？我们就推迟一天再去。母亲说，也正好晒晒乡下的泥路；她还是担心那一段路泥泞。闲来无事，我和妻子可以去她大姐家里吃饭了，在街上拦了个“的”，看着满街的喜庆，满街的花团锦簇，满街贴大红喜字的轿车，满街披婚妙的新娘，心里被深深感动，暗地里想，十月金秋，真是些奇妙的日子，过两天初八，还会有很多结婚办喜事的人，再后一天初九，又是九九重阳，登高望远的日子，这些时日似乎都与人的生生死死有些关系，有些开始了，有些就结束了，有些结束了，有些就开始了，生命和生活，就是这样“生生不息”的吧？

第四天又是晴天，天晴得真好，人的身上和心里，都干干净净、清清明明的。八点多驱车往马山公墓去，车停在花店前，买了一些鲜花上车来。车开出城市，看见河流、树林、田地和农民这些朴素的事物了，地里的玉米、棉花以及黄豆，因为连阴雨的缘故，都还没能收尽，车上几个人掐指一算，也快到耕地耩麦的时节了，季候天成，耽误不得，农民也真是一年忙到头的。

车停在山坡上的墓园里，母亲、妻子和我，我们到父亲的墓碑前，献上鲜花，默默地站了一会，天气晴朗，菊香清淡，墓园里暖洋洋的，也安静得可以，远远近近，有三五丛人在墓园里看亲人，都轻手轻脚，微言细语，是怕惊了梦中人的意境吧？一排排墓碑后的松树，长得郁郁葱葱，也让人心里素静。

两小时后我们回到家里。锣鼓喧天、大红大绿的城市，再次把我们推向一个缤纷的世界。肚里真是感到饿了。妻子在厨间准备大餐，我趁机拿了烧鸡的两只鸡爪到院中咂啃。感谢父亲，感谢母亲，是他们赋与了我体验美丽人生的权利和机会，虽然我是那么的微小和平凡。我坐在花池的水泥围台上，像一个有所收获的农人，心境踏实地专注于手中的食品。阳光照在我的身上，周围是鸟语与花香，一只蜜蜂的梦呓滑过晴朗的秋空，一只蝴蝶和她的花翅膀落在柿树宽厚的树叶上，一枚熟透了的柿子闷声掉落在土地上，一滴泪珠悬垂于平和的心扉上。

我仍然坐在花池的水泥围台上。

每当和母亲在一起的时候，在母亲家客厅里闲坐陪伴母亲的时候，我总会想起许多与父亲、母亲相关的事情，我会想起我小时候记忆中有一次父亲和母亲为一件什么小事拌嘴，母亲气得哭着出门了，过一会父亲从里屋出来对我说，幼连，你还不去找找你妈！我得了父亲的指令，赶紧跑出去找妈妈，找到环城河下边的大柳树下，母亲正站在那里抹眼泪，我马上跑过去拉着母亲的手说，俺妈，俺爸叫俺来找你的，赶紧回家吧。母亲破涕为笑，抹了抹眼泪，搂着我一起回家了。我会想起“文革”刚开始那会，我还小，有一天暖阳高照，我随着人流跑到大街上去看热闹，那时满大街都是人，挤得路都不通，不一会一队人戴着袖标，拿着铁皮喇叭，高喊着口号过来了；在他们后面，是一大溜戴着白纸糊的高帽的走资派，高帽上都写着走资派的名字，忽然我看见父亲也戴着高帽走在队伍里面，父亲走过我所在的那个街口时，就跟看管他们的一个造反派说了几句话，那个造反派挥挥手，父亲就离开游街的走资派队伍，把高帽从头上拿下来，过来紧紧握着我的手，领着幼小的我走回家去。我会想起有一天晚上我们家突然来了许多造反派，说是来抄家的，母亲赶紧叫我们姐弟几个到院子里去，我紧张得腿发抖，要扶着门口的大柳树才能站稳。我会想起那一年大学毕业工作以后刚结婚，住在家里，好像是母亲想叫新婚的妻子帮她做饭做点事，我就上去护着，还对母亲说，你怎么这么没修养，惹得母亲伤心许多天，现在简直想像不出那样惹母亲伤心的话出自自己口中。我会想起父亲年龄大了以后，有两年他突然不让我们去见母亲，春节时也不让我们进门回家，我们敲门敲不开，父亲会在院门里说，你们来干什么，回去吧；我们站在门外，就像无家可归的弃儿，但我能理解父亲，他并不真的知道他在做什么，他只是要独自拥有母亲，不让别人夺走母亲，哪怕是自己的儿子；我们就一直站在门外等候，直到母亲借故悄悄出来对我们说，你们先走吧，不要惹你爸生气，他也不知道自己在干啥。我会想那两年父亲有时会突然生气，甚至有一次把母亲推倒在地上，过后他又万分后悔，对母亲疼爱得不得了，母亲跟我说这些的时候，我没有任何办法，只能安慰母亲，我心疼母亲，也心疼父亲，但没有办法解决这样的问题；母亲也只是跟儿子说说，她知道父亲不是故意的，她仍会尽心尽力照顾好父亲，这就是他们恩爱的一生。

父亲去世近十年以后，母亲也生病了，母亲一直不愿意住院，别人也劝不动她，说等幼连来了再说。我赶回去以后，就劝母亲还是住到医院去，治疗起来比较方便，医院又有暖气，母亲听了我的话，立刻就爽快地答应了。母亲第二次住院，我们姐弟几个商量是否要找个护工，我竟脱口而出，大家工作都比较忙，如果不找个护工，恐怕都会被拖垮。话一说出来我就后悔不迭，道理可能是这个道理，找个护工也是正常的，但是如果儿子的话被母亲听了去，母亲还不知道会怎样伤心呢。后来有一天半夜时分，我接到二姐电话，说母亲住进重症监护室了，叫我天亮了赶快回宿州一趟。天亮后我赶回宿州，进入重症监护室，在妈妈病床的床头坐下，用胳膊搂着母亲的头，脸贴在她脸上，对她说，俺妈，我是幼连，我来看你了。母亲微微睁开眼睛，声音细微地说，噢，是幼连呀。我流着眼泪说，俺妈，你好好养病，我就在这里守着你。母亲似乎微微地点了点头，混浊不清地说，是幼连呀……母亲去世以后，我在遗体告别仪式上眼泪就止不住地流淌下来，以前我在有人的场合从来不是这样的，我似乎总体上是能控制好自己的情绪的。

回到工作中以后，我的情绪好像很快就完全平稳下来了，而且一忙起来，就似乎更没有刚失去母亲的那种悲伤了。但是也很奇怪，奇怪有很长一段时间，我总觉得心境与往常有很大的不同，但不同在哪里，我也说不清楚。我的平静好像平静得有些过度，但是一到夜里，有时候我一个人睡在大书房里，不管是看书，还是看报，看着看着，一种莫可名状的悲伤就会突然袭来，心里偏偏总会想起我惹母亲伤心而又后悔不迭的那些事，总会想起母亲生前和母亲没有亲够的那种遗憾。有那么两三次，想着想着，责怪着自己，眼泪禁不住就哗哗地淌出来了，索性也不去控制，就让眼泪尽情地流淌出来，甚至控制不住地哭出声来。有时候还会梦里梦见母亲，然后就心痛着抽泣着醒来了。眼泪哗哗地淌出来的时候，仿佛心里舒畅了许多。下一次又是这种感觉，想着想着母亲，眼泪就哗哗哗哗地流淌出来，眼泪流淌出来以后，心里好像就舒畅了一些。

给大舅寄报纸

1999 年 9 月 18 号深夜，正在合肥住院治病的父亲，病情突然急转直下，咯血不止，医生下了病危通知单：梗阻性肾病，大咯血，随时有生命危险。父亲咯血直到 19 号凌晨才止住，当时我们姐弟几个都在合肥，只有二姐在宿州，于是赶快打电话叫她过来。

当天下午两点，二姐到了，我担心二姐从宿州来会引起父亲对自己病况的猜疑，于是事先告诉二姐，让二姐说是为了儿子的事情来的，顺便也来看看父亲；母亲也事先把这个谎言告诉了父亲，使父亲有个思想准备，不至于太突兀；因此父亲见到二姐，好像没有什么不妥，倒是很平静地跟二姐说了话，又让二姐明天就抓紧时间回去，说家里事情多，不要在外面多耽搁。

第二天下午二姐回去之前，我们都在，父亲突然对二姐招招手说：

“你过来，我有话对你说。”二姐赶忙走到父亲床头。父亲说：“你回去替我办两件事。第一件事，我每过二十天就给你大舅寄一次报纸，这段时间耽误了，你大舅该急了，你回去就寄；第二件事，你回去以后，专门到×老和×老家里去一趟，告诉他们，我现在合肥治病，时间可能会长一些，没有什么。”二姐说：“俺爸，你放心吧，我回去就办。”父亲说：“你重复一遍给我听听。”二姐重复了一遍。父亲看来很满意，对二姐挥挥手说：“早点回去吧，早点回去吧。”

父亲去世后，我心里很痛苦，有一段时间一个人沉寂地呆在家里，什么事情都做不了，想想在泗县农村的大舅，现在连给他寄报纸看的人都没有了，我就把手里刚看过的报纸收拾收拾，装进信封，给大舅寄了去，从邮局里出来，我的心情好了一些。

连续给大舅寄了几次报纸以后，大舅来了一封信：

幼连（我小名）：

寄来的报纸收到了，谢谢。我最喜欢读报纸，你父亲过去按月寄参考消息等报纸给我，痛心他走了！

大舅　书　1999 年 10 月 23 日

大舅的钢笔字坚实有力，信也写得极言简意赅，我是极为佩服的，读过信后就马上拿给夫人和女儿看：“你们看大舅这信写的，你们看大舅这信写的！特别是许尔茜，你真该好好学学。”“学什么？”“学写信的艺术呀。”

大舅已经八十多岁了，解放以前他教过私塾，思想开放，接受新事物特别快，农村时兴养殖时，他大批量地养过小鸡，农村时兴特色养殖时，他还养过黄鳝、泥鳅。我记得七八十年代农村才刚刚有几辆自行车时，他就早早学会了，从此他赶集、上街、走亲戚，就快捷方便多了。我上中小学时经常到大舅家过暑假，那时我正在长身体，个子又细又长，村里人都说："你看这孩子，长得像棵青庄稼。"大舅喜欢赶集上街，母亲说他是"逢集必赶"，我那时跟他赶过一些集，从泗县山头王沟庄往东南翻过山头，就到山头镇了，或者再往南就到刘圩镇了。除了买些油、盐、酱、醋、煤油、火柴以外，大舅喜欢扎堆凑热闹，在供销社柜台前跟人说话，一说能说半天，在牛市羊市蹲着也能蹲半天，大舅还喜欢听戏听书（大鼓书），集上要是来了戏班子，或有说书的，他蹲在向阳的墙根，会一直听到人家收摊子，他才站起来，拍拍屁股回家。

收到大舅的信后，我给大舅回了一封信。后来，大舅为报纸的事，又来过几次信。

许辉：春节前已收到你十五次报纸，给我精神生活上极大享受，尤其两岸关系和军工报道，还有法制案例，我最喜欢读！

大舅　启　元旦

许辉：你好。从春节后到现在，我已收到你二十份报纸了，我对时事特别有兴趣，若不是你经常寄报纸来，我会闷坏的！

大舅　农历六月五日

回宿州看望母亲时，跟母亲聊天，说起这件事，母亲说："你这也算是按你爸的意思做了，你姐她们都哪有时间。"顿了顿，母亲又说："给他寄吧，你还能给他寄几年？"

现在，我仍然每星期给大舅寄一次报纸，有时候寄两次，看报时如果有好看的文章，不自觉地，我就留下来了，因为要给大舅寄去。现在，我父母这边家里的老年人，除母亲外，也就只剩大舅一个人了，除了寄寄报纸以外，我还能帮他做点什么呢？

幼璋哥

有一天上午我正在准备单位的一份活动方案，突然接到幼璋哥大儿子大龙的电话，说他爸爸情况不好，已经从南京回到泗洪县人民医院。放下电话，我赶紧安排好办公室工作，然后请董静抓紧准备一些现金，之后两人开车一边上高架，一边给大姐和二姐打电话，告诉她们情况。大姐说要带些现金和物品过去，物品或许在医院里看病时能用得着。二姐在宿州，她说他们这一两天直接从宿州过去看望。做完这些事，我们很快就在高速上了。从合肥到江苏苏北的泗洪县，当时走高速怎么都得绕一些路，一路高速到南京再到泗洪要绕，一路高速到蚌埠、宿州，再到泗县、泗洪，不仅要绕一些路，还要在不是高速的国道或省道上走几十公里。要么就走高速先到五河县的沫河口，下高速后走省道到五河县，再走淮河的淮北大堤到苏北酒乡双沟镇，然后北行到泗洪县，这条路线最近，但在省道、县道上走的路程较长，时间上不能完全保证。为了赶时间，我们还是选择了合肥、南京、泗洪，一路高速赶过去。

董静说她记得那是冬天，天气很冷。我则记得那是一个阴晦的日子。我们赶到泗洪县人民医院的时候，大概已经是下午1点多钟了。大龙和二龙到医院外面的停车场接到我们，我们一路往住院部走，一路我问二龙一些情况。路边还有积雪，我们从积雪旁绕过去。我们进了病房，病房十分简陋，里面有两个或三个床位。嫂子正坐在幼璋哥的床头，她见我来了，赶紧对幼璋哥说，幼连（我小名）来了，幼连来了，你跟他说说话，你跟他说说话。我慌忙走过去，坐在幼璋哥身边，对他说，幼璋哥，我来看你了。幼璋哥那时脸色灰黄，头发斑白，他的眼球很混浊，没有光彩，似乎一直睁着在，他的眼睛还能转动，他嘴里嚅动着，喉节也上下动着。我伏下去贴在他脸前，听见他有微弱的声音，好像在说，幼连，你来了。我大声说，幼璋哥，我来看你了，你好好养病啊！

在幼璋哥床头坐了一会，医生过来吊水，把我们呆在病房里过多的人都赶了出去。在病房外面，我才发现，多年不见的许多亲戚都来了，二爷（叔）家的幼忠哥，还有幼芝、幼时，都来了。在外面说了一会话，因为第二天还有无法推掉的会议和活动，当天须得赶回合肥去，我和董静再回到病房里，和幼璋哥道别，说忙完这些事再来看他。返回时不用像来时那么赶，于是我们选择走双沟，走淮河的淮北大堤到五河，再从沫河口上高速公路这种走法。

淮河在双沟到五河这一段，是淮河干流入洪泽湖的尾闾和入湖口，因此河面宽展，河滩平阔，河堤曲弯。自从自己会开车以后，这些年来，淮河北岸大堤，包括五河到双沟这一段，我或我和董静，已经走过许多次了。这是我最喜欢走的一段河堤。河堤里面的滩地，冬天是平坦开阔绿油油的冬小麦；春天小麦青葱、油菜黄花零星开放，淮河里的过船做为背景衬在麦田后面最是引人远眺；夏天小麦黄熟，香浪滚滚；秋天这一块玉米，那一块大豆、另一块红芋，恬静而悠然。河堤的外面，是大片菜地和村庄，村庄时断时续，时有时无。有村庄的时候，就一定有菜地，没有村庄的时候，就一定没有菜地。

那时候，或更早的时候，皖北、苏北农村，包括泗洪县梅花公社万全大队都是这样，有村庄的地方才有菜地，没有村庄的地方，就没有菜地。这是因为城市的郊区有菜农，专门种菜供应城市，远乡都是农民，只管种粮食，向国家交公粮、卖余粮，不会大老远种菜拉到城里卖去。远乡村庄附近的菜地，都是种了给自己吃的，生产队菜地种的菜会分给社员，社员在自留地里种的菜，基本上都是自己吃。

我二爷、幼璋哥和我那些许家的亲戚，当年都住在梅花公社万全大队的朱集村里。幼璋哥是我同父异母的哥哥。听母亲讲，当年皖北、苏北的洪泽湖地区，一直是革命根据地，抗日战争时期父亲参加革命，后来结了婚，妻子和孩子就留在老家。新中国成立初期，大批干部进城，据说为了妥善解决老干部生活问题，组织上允许那些早期参加革命的同志和农村的妻子离婚，在城里重组家庭。我父亲就属于这一批人中的一位，于是后来才有了我的两个姐姐和我。

我母亲家在泗县山头后王沟村，和泗洪的梅花朱集村相隔不过二三十华里。记得第一次去山头和梅花，是上世纪六十年代后期的一个夏天，当时为了躲避城里的武斗，母亲带着我们姐弟三个，先去泗县山头后王沟村外婆家，在外婆家过了些日子以后，才由我表哥拉着一辆平板车，顺着乡下的土路，涉过一条不深的小河，把我们送到泗洪县梅花公社万全大队的朱集村。在朱集村我们住在二爷家。二爷家孩子多，男男女女的总共七个孩子，前面 4 个都是女的，二爷称她们为小大姐，二姐，三姐和小四姐；后面的男孩是许幼忠，小名小楞子，小楞子就是头脑不好使的意思；再后面的女孩子是许幼芝，二爷叫她小五姐。二爷家的女孩，个个都身材匀称，皮肤细腻，漂亮大方。最小又是个男孩，叫许幼时，小名小呆子。幼璋哥的小名叫小甩子，当地话的意思是不中用，没用处。农村给男孩子起名，都往坏里起，大概的意思是，既然已经最坏、最不好了，也就没法再不好下去，潜台词就是该触底反弹了。给女孩子起小名，则不能像男孩子那么起，都起得本本分分的。

过了几天，城里的武斗情况有所好转，母亲把我在二爷家安顿好以后，就带着两个姐姐回城了。男孩子贪玩，那时候一点都不恋家，留下就留下，没人管了正好一顿疯玩，母亲和两个姐姐离开时，自己早和刚结识的小伙伴跑得没影了。从那以后，在整个长长的夏天里，我都和小呆子他们一样，只穿一个裤头，天天跑下湖（无水平坦的洼地）里放牛、铲青草卖给队里喂牛挣工分、捉蚂蚱、逮青蛙、下塘洗澡、在快要干涸的小河沟里用手挖坑泉出水来喝。幼忠哥比我大，是村里的民办老师，许幼芝和小呆子许幼时比我小，因此他俩喊我小哥哥。除了到处疯跑，有时候早上或上午，我还会和幼忠哥、小呆子呆在门前平地的大槐树下，躺在凉床上读《水浒传》，读到王婆对西门庆分析这光有几分了又有几分了时，虽然我们根本不懂那到底是啥意思，但都踢腿伸胳膊，哈哈狂笑，好像我们真读懂了似的。

捉青蛙我是行家，这是在城里天天跑郊区、农村到处疯玩学会的，就是用我自制的弹弓打。弹弓是用硬铁条弯成的，上面拴几根强力皮筋，再跑到砂礓地里，拣那些大小适中、圆溜硬实的砂礓蛋，装满身上的口袋，然后悄悄潜入池塘或河沟边的灌木丛里，蹑手蹑脚，一点声音都不带发出的。夏天天热，青蛙都喜欢跑到池塘或小河边的灌木底下乘凉，慢慢接近它们，大约只剩四五米了，这时拉弓射弹，快速发射，几乎百发百中能打中青蛙。青蛙被击中时发出一声闷响，然后翻倒在池塘边，这时只消把它捉入裤带上拴着的一个白粗布的布袋里即可。一个早晨，或一个上午，我往往能打到一大布袋青蛙，布袋装满了，我也就回村了，把一布袋青蛙交给幼璋哥的妈妈，我和小呆子就等着吃辣椒炒青蛙了。在城里时我就是这方面的好手，用弹弓打树上的知了，命中率大约百分之七八十，因为知了太小了，打中的知了有可能身首异处，都捡了放在布袋子里，拿回家喂鸡去。用弹弓打树上的麻雀、小鸟，命中率大约有百分之五六十，因为小鸟停得太高了，又有树枝的遮挡，打中的小鸟也带回家，母亲或二爷家的小四姐会把它们烧制成可口的美味，全家可以一饱口福。好在那时知了、青蛙、小鸟太多太多，男孩子又调皮，不懂仁慈，那时打知了、小鸟和青蛙也不违法，也不违德，是男孩子最日常的活动。

二爷那时候当大队长，小大姐就嫁在朱集村的另一个生产队，大姐夫是那个生产队的队长。盛夏中午不干活时，队里有些男人喜欢聚到大柳树下拉呱、讲古，讲古就是生产队里有几个有学问的，聚到一起，讲些历史或传说，不过都是散扯，以讲有情节的故事为主。譬如讲梅花为啥叫梅花，是因为古代这里有梅花山。又譬如讲有一个人过得好好的，冬天靠在墙头下晒太阳，好好的墙突然倒了，把这个人砸死了，这就是命该的了。譬如又讲有一个人正坐在家门口，一挂（辆）胶皮轱辘大车（这是马拉的车）从他家门前过，车胎突然爆了，冲出的气浪把这个人打死了，这也叫命该的。多少都有点传奇或“迷信”色彩。一边啦呱，一边那些男人都用烟袋吸烟，就有人叫我也吸一口尝尝。我尝一口就呛着了，土烟叶的味道特别冲，特别辣，但男孩子都好强，呛过了还要尝，渐渐就不呛了。众人散时，我顺村里的小路回二爷家，头晕晕乎乎，觉得脚下特别飘，走路也走不稳，东倒西歪的，自己并不明白为什么。晚上二爷回来，见到我，就咧着缺牙的嘴，笑着看着我，对我也是对家里人说，队里人说幼连吃烟吃醉了，走路东倒西歪，我还不信，见到你大姐夫俺就训他一顿，你队里人这是干的啥事，你不给俺好好管管！我当时早清醒了，可能有些害羞，跑跑跳跳又玩去了。

二爷家的二姐嫁得远，在归仁集还北边。归仁集的归仁就是从《论语》中“天下归仁焉”句中来的。母亲带着我们姐弟三个，表哥拉着板车带着行李和物品，就是从泗县的山头，经过归仁集，然后到梅花朱集的。归仁之所以叫归仁，据说当年孔子带着学生在归仁这个地方讲学，正好讲到《论语》中记载的这一段。《论语》颜渊篇第1章原文是，“颜渊问仁，子曰：‘克己复礼为仁。一日克己复礼，天下归仁焉。为仁由己，而由人乎哉？’颜渊曰：‘请问其目？’子曰：‘非礼勿视，非礼勿听，非礼勿言，非礼勿动。’颜渊曰：‘回虽不敏，请事斯语矣。’”这段话的意思是，颜渊问仁德事，孔子说：“抑制自己，并使自己的言行符合礼，这就是仁。一旦做到克己复礼，天下人都会称赞你是仁人。践行仁德完全靠自己，还能靠别人吗？”颜渊说：“请问具体内容是什么？”孔子说：“不符合礼的不看，不符合礼的不听，不符合礼的不说，不符合礼的不做。”颜渊说：“我虽然不聪慧，愿意照这些话去做。”归仁这个地名就是这么来的。这段话里“天下归仁焉”的“归”字有些意思，一种解读是回归义，即，“一旦做到了克己复礼，社会就会回归那种仁义的状态”；另一种解读是归附义，即“一旦做到了克己复礼，天下都会因仁而归附”；再一种解读是称赞义，即，“一旦做到了克己复礼，大家都会称赞你是仁人”。这都是引申出来的闲话。

由于二爷家的二姐嫁得早，又嫁得比较远些，我到梅花朱集老家许多次，都没有见过二爷家的二姐。1978 年我考上大学，第一学年后的暑假一门心思跑到梅花朱集过暑假，二爷说，幼连你一次也没见过你二姐，这次俺带你上她家去见见她。于是在一个夏天的清早，我跟着二爷，一路步行往北，去二姐的家里见二姐。我们沿着利民河的河堤一路往北走，二爷拿烟袋的手背在身后，腰略微有一点点弓，一路上都是赶集的人，赶集的人络绎不绝，有挎篮子的妇女，有牵牛的老汉，有骑自行车的少妇或姑娘，有推独轮车的中年男人。如果我们走在河堤下面的土路上看高高的河堤时，最有意境，河堤在平原上远远的、高高在上，河堤上成长着粗大的杨树，络绎不绝的赶集的农民在高高河堤的杨树的间隔里穿行，真是特别有画面感的景象。由于我是第一次见到二爷家的二姐一家人，所以二姐一家人对我的到来也十分看重，中午吃了饭喝了酒，晚上又到一个亲戚家吃饭喝酒。那时候我似乎对自己的酒量没有底数，似乎并不知道自己能喝多少白酒,因此来者不拒,好像酒量很海的样子,晚饭后东摇西晃回到二姐家,倒在床上就啥也不知道了。慢慢地听到众人的说话声,闭着眼听,原来是二姐在怪罪二姐夫,说你叫幼连喝这么多酒,你看吐的,要是叫俺大爷(我父亲)知道,咋向俺大爷交代。这是我在青少年时代第二次喝醉酒,第一次是中学生时期,有一次到一位亲戚家吃饭,不知怎么的就被亲戚派多了,回到家上台阶时就吐了。

二爷家的三姐在当时是时髦派,她人长得漂亮,天性也很时髦,她有自行车,她的衣服呀、扎头的东西呀都是最多的,她还有缝纫机,常常自己在家做衣服,在上世纪七十年代的农村,十分罕见,所以二爷经常说她太时髦,口气里既有点看不惯,又有点无可奈何。三姐夫在梅花公社工作,他前妻因病去世后,有一个男孩子跟着他。三姐每次去梅花,总爱带着我,她有自行车,把我带在车前头,从粪堆张骑过去,半个小时就到梅花了。有时候梅花逢集,三姐会给我点零花钱,我就在集上转悠,这蹭蹭,那看看,见到卖甜瓜或面瓜的,就买一个,用手搓搓瓜皮,捧着就啃起来。一边啃,一边看集上卖粮食的,卖农具的,说大鼓的,卖日用杂货的,卖鸡卖羊的,卖小画书的,卖画片的,卖花布的,一转悠半天就过去了。后来我上大学以后来梅花过暑假,二爷说要带我上三姐家去,那时候三姐家暂时安在三姐夫所在的那个村子里,我们到的时候正是盛夏酷暑的中午,三姐那时已经有两个孩子了,加上三姐夫原来的一个男孩子,三姐里外忙。记得那个正午特别热,三姐家又是刚在村外盖的房子,刚种的树还没长起来,遮不住毒热的太阳。三姐已经完全没有了少女和少妇时期的时髦,她像那时候所有农村妇女一样,盛夏穿着一件到膝盖上方的布短裤,上身穿一件露胳膊的布短衫，头上顶一块毛巾，随时用来擦汗。她顶着毛巾到菜园里摘来一些茄子、辣椒、豆角，一边和二爷说话，一边切菜、洗菜、炒菜，一边叫大些的男孩子到代销店里打点散酒来，二爷则搭把手在土灶后烧锅。我早已热得昏昏沉沉了，又没事做，也没地方去，就跑到门口一个透风的秫秸篷子里，躺在泥地上睡了一觉，三姐喊我起来吃饭时，我早热得浑身大汗了。

二爷家的小大姐、二姐、三姐、小四姐和小五姐都是美女，但小四姐是最漂亮的，也和我们姐弟三个最有感情。小四姐长着标准的瓜子脸，大眼睛，皮肤白白的，身材好，不胖也不瘦。那时候二娘（婶）去世得早，二爷家里的大姐、二姐出嫁早，三姐后来也出嫁了，幼忠哥又是家里第一个男孩子，读书多，干农活稍微差一些，因此四姐是家里的全劳力。我经常看见她傍晚收工时手腕上系着一块花手帕，挑着一大担粮食呀、柴草呀，像那时候画片上或电影上经常宣传的铁姑娘一样，扁担忽悠忽悠、脸上因出汗而红扑扑的、动感十足地大步往家里来。到家里把扁担一抽，上锅屋掰一块凉馍放进嘴里，又挑上两个大木桶，到井里挑水去了，水提上来，她先趴在水桶里喝几口解解渴，然后再挑回家，倒进水缸里，再去挑，直到把水缸挑满。这时天也黑了，二爷也回来了，四姐就洗洗脸开始做饭，二爷搭把手帮她烧锅，锅烧得差不多了，有时候二爷也不从锅门口出来，而是仍坐在那里，从灶膛里夹一块还有暗火的余烬，按在烟袋锅上，低着头，吧嗒吧嗒地吸。这时四姐已经把院子里的空地扫干净了，她又从水缸里舀来井拔凉水泼在地上，院里顿时凉快了几分，她再把木方桌摆到长着枣树的空地上，把菜端上桌，把贴好的死面饼铲下来放在馍筐里搁在桌上，把麦面稀饭一碗一碗盛好，这时才喊二爷、我、幼忠、幼芝和小呆子来吃饭。有时候我在西边麦场上的草垛里睡着了，她就会拿毛巾擦着汗，走到院外西边的村路上高声喊，幼连，吃饭喽，幼连，回家吃饭喽。我听见了，就揉揉眼，爬起来从她身边跑过去，跑到院子里坐下来就吃。

“文革”中后期，各种各样的运动多如牛毛，还要下乡搞社教，天天学习、开会，父母亲都忙得不沾家，家里的事没人管不行，像我这样的男孩子，没人做饭给我吃似乎也不行，于是父母亲和二爷商量，请小四姐到城里来住一段时间，负责打理我们姐弟三个的生活。四姐来了之后，她到底做了些什么，怎么做的，我一概都不知道，也不关心，只知道到时候回家就吃上饭了，衣服也有人洗，家里像原来一样干净。印象最深的还是四姐烧的煎带鱼，按理说宿县地区不沿海，不靠疆，不产海鲜，菜市里却就是带鱼多。四姐按照母亲的安排，买来带鱼，剪开，洗净，放在锅里用油煎，煎到两面焦黄，内里热鲜的时候，就趁热装盘，趁热吃才最好吃。就因为这个原因，也是按照母亲的安排，每次有带鱼的时候，四姐就等我回来，然后才开始煎带鱼，煎好之后我就狼吞虎咽地吃起来，两个姐姐只能吃我剩下的，因此后来她们说起这事还半真半假地抱怨一番，我吃煎带鱼吃上瘾就是那时候留下的根。那时候我在外面调皮、砸坏人家玻璃、和别的孩子打架、逃学不上课、翻墙头看电影、下河游泳、摘人家桃子，如果有了事，都是四姐出面处理。

大学第一年暑假回老家，自然也得去四姐家，那时四姐刚结婚，还没有孩子，住在四姐夫家的村子里，四姐夫是复员军人，平常在乡里上班，中午也不回家。四姐家在村里有三小间平房，两小间偏房，其中有一间是锅屋,她家里干干净净,洗脸架和洗脸盆都还是新的,甚至连毛巾都新,上面印着大红喜字。但那时候夏天烧锅做饭在乡村的哪个地方,都是一件遭罪的事情,不管烧火的人,还是在锅上炒菜做饭的人,都大汗淋漓,现在想来,吃上一顿饭可不是容易的事。后来又有一年和幼璋哥一道从泗县小梁乡回梅花万全朱集老家,二爷又带我去四姐家,这次四姐家已经搬到她家原来住的村庄东边的湖地里去了,好像是整个村子一起搬过去的,带有某种屯垦开发的性质。四姐的几个孩子,大的十几岁,小的也有几岁了,都懂事得很,带着我村前屋后串了个遍。

幼忠哥一直在乡村小学教书,他讨的老婆我见过,也是个乡村美女,这让我不解为什么苏北泗洪那里的漂亮女子那么多。泗洪那附近的漂亮女子有一个共同的特点,就是都长相标致、大方示人,没有哪个是缩缩巴巴的,都舒展得很开,不卑不亢,也不以奇晃眼。小五姐幼芝结婚后住到丈夫在重岗山下的一个村子里,她丈夫是个退伍军人,那年我和幼璋哥从小梁乡骑自行车回梅花朱集,就是往东先翻过重岗山,到小五姐幼芝家里喝口茶,再继续往东赶路的。小呆子幼时的家属我好像没见过,后来我回泗洪多,回梅花就很少了。

幼璋哥的母亲个子不高,皮肤白白的,对我很好。母亲带着我们姐弟三人第一次回梅花朱集,她们回城了,留我一个人在乡下。临走前我问母亲,怎么喊她(幼璋哥的母亲)呀?母亲说,那还能怎么喊,就叫她妈呗。从那以后我就叫幼璋哥的母亲为“俺妈”。我虽然住在二爷家,但“俺妈”经常喊我去他家吃饭,每次去,都能吃到两三个菜,偶尔还有荤菜,是“俺妈”专门赶集买的。碰到我喜欢吃的,幼璋哥和“俺妈”都不怎么吃,都让着我吃，等我吃饱喝足了，玩去了，或躺到门口树下平地的凉床上看小画书去了，她才边收拾，边把我和幼璋哥吃剩的饭菜吃完。逢到我捉了一大布袋青蛙的日子，那一般都是上午，我和小呆子就等在"俺妈"家里，边在家门口平地上弹硫弹，边听着锅屋里辣椒炒青蛙的动静，到辣椒和青蛙的香气从锅屋里飘出来的时候，我们就不敢分神了，都跑到锅屋门口往里面张望。很快，"俺妈"就端着岗尖岗尖一碗辣椒炒青蛙出来了，她把筷子和碗放在门口平地的方桌上，我和小呆子就迫不及待地坐下大吃起来，"俺妈"就屋里屋外一边收拾着，一边看着我们吃，有时我和小呆子争抢起来，她就过来大呼小叫地为我们调解。

"俺妈"个子不高，瘦瘦的，可能是干活负重的原因，她的腰早早就有点弯了。后来我再回老家，她和幼璋哥已经从村子里搬到二爷家西边的一个麦场边去了，新房子，距二爷家百十米远，距生产队的队屋和牛屋两三百米远，是孤零零的一户人家。她的腰更弯了，似乎都弯了三十度了，但她还一直在干活，经常傍晚背着一大捆麦草或别的东西回家。我要是正巧在附近玩，就赶忙跑过去，帮她从肩上卸下柴草捆或盛粮食的粪箕，她就会边喘气边用毛巾擦汗、边不停嘴地说，幼连这孩子真懂事，幼连这孩子真懂事。得了表扬，我就干得更欢了，把柴草捆搬进锅屋去，再咯咯咯地帮她唤鸡、喂鸡，然后把鸡撵进鸡窝里。"俺妈"啥时候去世的，我已经记不清了，那时我可能正在大学读书，或者已经参加工作，结婚成家，正为自己的事情忙活着。

泗洪县梅花朱集在我童年和青少年的记忆里留下了极其深刻的印象。虽然我不是在那里出生，也并非长期在那里生活，但这是很怪的事，老家和祖籍就能牵动你的神经，就能占领你的思维，就能打动你的情感。来往也十分重要，如果没有小时候我多次去老家过暑假，如果没有小时候幼璋哥每年都到宿县的家里来住很长时间（1954 年泗洪县从安徽划归江苏管辖），我现在也不可能记得我曾经跟着幼璋哥、幼忠哥一道去重岗中学的情形（他们在重岗中学上学）；不可能记得我和小伙伴们在湖洼地里坐在牛背上放牛的情形；不可能记得回村的路上牛群见到家一齐奔跑起来，我从牛背上摔下来，牛蹄纷纷从我身边绕过去的情形；不可能记得秋收时节，每天天还不亮，下地干活的牛车经过二爷家门口，牛把式老远就大呼小叫地吆喝起来，幼连，下湖喽，幼连，下湖喽，我就赶忙揉揉眼，从床上爬起来跑出去，跳上牛车，跟着生产队的壮劳力们下湖去的情形；不可能记得有一年正月十五，幼璋哥和我们姐弟仨一齐在宿县城里逛夜市点花灯的情形；不可能有那么多的交集；不可能对农村和土壤有那么深厚的感情；不可能对城市和乡村有那么切身的对照和感受；不可能在家里是老小知道享受、又能天天光着头赤着脚太阳暴晒亲近天地亲近农民能苦能劳泼皮好养知道坚持知道忍耐知道乡下人没有过不去的坎。

1976 年冬天，我在我插队的灵璧县向阳公社大西大队大西生产队接到幼璋哥来信，邀我回老家参加他的结婚仪式，我毫不犹豫就答应了。1976 年，那时的经济发展和交通状况完全不是四十年后的这个样子，那时候县城与县城之间，一天一般只有一班长途客车，如果有两班，就是上下午各一班，那也得提前排队买票，有时候半夜就得到汽车站排队买第二天早晨那班车的车票，买不到就走不掉。乡下的报纸、信件到得也迟，公社的邮递员并不是每天下乡送报、送信的，而是积累一大堆后才一并送到大队,或送到大队的代销店,或大小队有干部到公社开会了,就交给开会的干部带回去。开会的干部把报纸、信件带回大小队以后,也不一定什么时候能到个人手里,有时候开会的大小队干部带回大小队后,交到大队部,或小队部,或代销店,有时候他就带回自己家里,报纸自用了,汇款单一般都会及时交给个人,但信件也可能会忘记,就扔在他家的衣柜上,或床席下,想起来就带给收信人,想不起来就罢,收信人收到几个月以前的信是正常的,收到一两年前的信,也不稀罕。

我收到生产队长西金美带给我的信后,赶紧到大队代销店小刘那里走后门买了一包火柴(10 盒)和一条胜利烟(平常都是凭票供应的),第二天早早起床,踩着满地的霜冻,赶到村北一两里地的的新汴河渡口,乘船过渡,到河北后,再步行五里地到灵璧县汽车站坐车。上世纪七十年代的淮北地区,每一个冬天都是天寒地冻的。赶到灵璧县汽车站,车票早卖完了,我没办法,急得团团转,就在汽车站附近的公路边蹭顺路前往泗县、泗洪的货车或拖拉机,哪怕是速度很慢的手扶拖拉机,看可能带我到泗县或者泗洪。算我运气好,问来问去,都不同意,这时看见一辆拖拉机停到路边,我赶忙过去递烟,说泗洪哥哥结婚,急着赶回去,没想到他们答应带上我,吃过饭就走。驾驶员两个人下来到小饭店吃饭,我就在拖拉机旁等着,心里又兴奋,又担心,兴奋的是有车带我了,担心的是他们会不会变卦。两人吃饭回来了,我赶紧跟着他们爬进驾驶室,又塞了一包胜利烟给驾驶员。一路冻坏了,拖拉机虽然有驾驶室,可是驾驶室四面透风,拖拉机一行驶起来,风就往里直灌。拖拉机还和汽车不一样,行驶起来走的不是直线,而是 S 弯,前轮一会往左,一会往右,很不好控制。

中午到了泗洪县城，我跑到泗洪县新华书店，挑了一堆时政、农业、领袖选集等，这些都是我打算送给幼璋哥和嫂子的结婚礼物。下午搭农村班车到梅花公社，然后步行了十几里路到朱集，赶在天黑前到了幼璋哥的新房。“俺妈”、幼璋哥、二爷一家人还有所有在场的亲戚见到我都十分高兴，二爷还一直笑咪咪地一边吃烟袋、一边不住嘴地说，幼连来了好，幼连来了好。新娘子是前庄的大队牛书记家的女儿，听说结婚前还是那个大队铁姑娘队的队长呢。新房是三间，东边一间幼璋哥和嫂子住，中间一间是堂屋，相当于城里的客厅，西边一间我住。第二天早上起来，吃过饭，幼璋哥出去了，新娘子在堂屋里洗衣服，我坐在堂屋的椅子里和嫂子说话。我那时候中学毕业到农村插队还差一些不到一年，还有不少学生腔，就对嫂子说，两个人和一个人不一样，两个人互相督促，革命事业才能做得更好。嫂子铁姑娘队队长的品质立刻就出来了，她马上回我说，一个人的革命理想靠的是自觉，哪能要别人督促才去做好。大概就是这个意思。我张口结舌，想找出一些革命道理来和她辩论，却不知怎么的，想辩也辩不出来了。上午队里有些人来串门，都是队里的小年青，都挤在新锅屋里，坐在麦草上，吃烟拉闲呱，这时有人问我，幼连，昨晚你可听见啥响动了？我一楞，因为连天奔跑，又年轻，倒头就睡着了，能听见啥响动？我就说，没听见啥响动。我话还没说完，全屋人都早已哄笑起来。

春节我回家和母亲说到回老家参加幼璋哥结婚这件事，母亲一连声说，你去好，你去最好，俺和你爸上班都忙，又都不好去，你两个姐姐，是女孩子，也不好去，你去最好。那时候通信、通讯不方便，沟通起来特别不容易，打个长途都得跑到公社或县城，还得排队、叫号、总机打、对方接，折腾一两天，都不一定能打通一个电话，因此那时候沟通不畅，许多事情大家互相都是蒙在鼓里的，有时要许多天、许多月，甚至许多年，见面了才能把事情说清楚。看样子，这件我自作主张的事是做对了。

离开朱集时，嫂子一大早就起来，给我准备了一大块猪板油、一大块腌猪肉，另外还准备了泗洪有名的炕饼。炕饼做起来有些麻烦，先用好面（麦面）发起来以后，用擀面杖擀成五厘米左右厚、三四十厘米直径的圆饼，然后在铁锅里翻来覆去、慢慢炕成两面焦黄的发面饼，这样的炕饼，既方便携带，又很好消化，也非常好吃。当然，最金贵的还是猪油和猪肉。那个年代，猪油和猪肉不是寻常就买得到的，一方面要凭票供应，另一方面也没有那么多钱去买，有那么一大包猪板油和猪肉，就像当了劳模一样兴奋。我底气十足地带着这些猪板油和猪肉回到大西生产队，和我一起搭伙的小孟可神气了，我烧锅，他切油、熬油，熬了几大盆猪油，够我们吃半年都吃不完。当晚又请来老美等队里干部、代销店小刘和平常来往多的社员，油渣萝卜烧肉，油渣烧大白菜，喝红芋干子酒，像过年一样开心、热闹。

我上大学的第一个暑假回老家时，幼璋哥已经在梅花公社万全大队当党支部书记了，他还是我以前见到他的那个样子，脸庞白净、脸色有红有白、脸形瘦削，十分精神。他平常喜欢披着衣服，不管是单褂，还是夹衣，他都不喜欢穿在身上，而是披在身上，胳膊不穿在衣袖里，他平时走路、开会，都是这么披着。那是 1979 年，距离 1976 年的改革开放已经好几年了。那个时候，我们已经开始穿喇叭裤了，我们开始穿大翻领了，我们也已经开始留大奔头了。当年的大学生都是稀缺动物，在社会上人人羡慕,因此我当时的心理感觉特别好,再加上幼璋哥是支部书记,因此我有时候骑着不知道从哪里借来的自行车到大队部时,就感觉这个大队部是幼璋哥开的,从来不在大门外下车,而是直接骑到大队部院里去,有时还在院里炫车技,原地停车五分钟不下车,惹得到大队办事的人都看我,打听这个城里来的小青年是哪个,当时不知道他们心里怎么想,只知道自己对自己的表演十分满意、十分得意。

那时幼璋哥和嫂子已经有了两个男孩,一个大龙,一个二龙。幼忠哥已经结过婚,有了小孩,分家单过了,幼芝和幼时(小呆子)还在家里,二爷和他们三个人一起过。我有时候住在二爷家,有时候住在幼璋哥家,有时候在幼璋哥家吃饭,有时候在二爷家吃饭。我和小时候到老家光知道到处跑着玩不一样了,除了跟二爷到小大姐、二姐、三姐、小四姐家走亲戚吃饭以外,我最多做的事就是拿着一本我最不喜欢的英语课本到利民河的树林里去读,因为不读不行,开学就要英语考试。我还随手带着本子,来灵感时就地写下几行诗歌,一段散文诗,或记下突然冒出来的得意句子。我还喜欢在早晨出村,站在一个高处,看一个大池塘边一户人家开门、放出饲养的公鸡和母鸡,看那一户人家的壮年男人赶着牛下湖,然后到太阳升起两竿子高时看到那一户人家的锅屋顶上冒出做早饭的炊烟。我有时候会在村口看人们回村,看见一个背着比她人还高的一粪箕柴草的厚嘴唇的女孩时,我脑海里就突然冒出来在大学图书馆看到的一本书上的话,说厚嘴唇的女孩子性感。那时候从外表到头脑里的东西都和以前到老家过暑假的男孩子完全不一样了。

大学毕业我分配到市政府办公室工作,但是我渴望能有更多自由创作的时间，于是将近三年以后，我调到了文联部门，开始了文学创作。我做的第一件事，就是系统地走淮河，先从淮北的沱河、濉河、浍河走起，一条河一条河地步行走过，一边走，一边体验、记录当地的历史、文化、地理、风俗。淮河南北的支流我以前也走过，但都是零零星星的，从那时候开始，我想系统地把淮河的干流和较大的支流都走上一遍。那一年的秋天，我先走到泗县濉河岸边的刘圩镇，在那里邂逅了兴品先生，然后兴品先生骑自行车送我到小梁乡。幼璋哥那时已经招工到泗县粮食部门，在泗县小梁乡粮站当会计，听说是用我母亲提前退休的指标、按照顶替政策招工的。幼璋哥还是那个老习惯，外套不穿在身上，而是披在身上。当晚幼璋哥安排好我住在乡政府招待室以后，就请我和兴品先生在小梁乡的小董饭店吃饭。当时的小梁乡乡政府所在地非常小，连条像样的街道都没有，小董饭店也只是几间临时搭盖的茅草房。饭后兴品先生回刘圩镇，我就在小梁乡住下来了。

小梁乡乡政府所在地虽然超小，但周围平原绵延，空气清鲜，村庄朴素，有一种别样的情调，周边还有大片大片的辣椒园，秋天正是辣椒红熟的时候，无边无际的红辣椒扑天盖地，鲜红夺目。我每天早、中、晚都在乡里的食堂吃饭，幼璋哥反复交代过我，所有的账到时他来结，不用我去付。我每天在乡政府大院后面的招待室写小说和散文，傍晚外出，或到粮站幼璋哥那里转转，看他收粮食付钱给卖粮的农民，或到田野里走走，有时候可以走出十几里路。我在那里写过一篇题目叫《湿漉漉的秋天的早晨》的短散文，记述了我在小梁乡生活的一个片断。

我到小梁乡已经好几天了。小梁乡是泗县境内一个偏僻的乡集，地方很小，虽然有一条垫着尖尖利利的石块的土公路，但还不通长途客车。我住在乡政府后院的招待室里，后院十分安静，长着粗大的泡桐树，把泥土的大院遮得挺潮湿。除去那位喜欢文学和通讯报道的乡里的小伙子（他又兼管招待室的事情）外，没有什么人来打扰我。

从乡政府出去，也许走不上二百米吧，就是田野跟庄稼地了。这里没有工业和太多的人，照我看来，它完全是个村子，而且不比淮北平原上略大些的村庄大，甚至要小得多，是个最典型的溶化在田野里的乡集。我每天走到很少有人的田野庄稼地里去，呼吸平原的新鲜空气和乡野风景，感到了一种许久未有的放松和享受。

因为晚上的熬夜，所以早晨我一般都起得有点迟。这一天清晨，我正做着梦，被一阵敲门声惊醒了。在到小梁乡的这几日里，我还没遇到这种事情，谁会这么早就来敲我的门呢？我起床开了门。呀，外头的雾气好重；在流动着的雾气里，站着一个笑嘻嘻的青年。

他是那种最普通的淮北农村青年，穿着一件花花哩哩的拉链衫，一条带黄道的绛色运动裤，一双带蓝道子的白球鞋，一脸的憨厚相，手伸出来的时候，一眼就看出来是劳动者的手，粗糙、毛孔大，有些不规整。

“俺是来领结婚证的呀。”他说着手里就有一支烟递过来，笑露着白牙齿。他手里的烟肯定是在敲门的时候就准备好了的。他的头发都叫雾气给打湿了。

我不能推辞，这是支喜烟哪。我连忙告诉了他领结婚证的地方，我想那一定是在前院的乡政府办公室。我又说，现在这么早，恐怕不会有人的。我送走他之后，回来重又躺在床上，但怎么也睡不着了。

我忽然想要追上去问问他住在哪一个村子里,他的新娘又是怎么样叫人羡慕的姑娘。我连忙爬起来,穿上衣服,走出乡政府大院,走到田野里。

田野里一片雾蒙蒙的,离开几步远就什么也看不清了。黄豆、芝麻、绿豆、红芋,都舒展开叶片,叫雾气打得湿淋淋的,它们甜蜜、安详得似乎有些醉意了。整个田野都被雾笼罩着,浓浓淡淡,清新静谧极了。

这时天还很早,偶尔有一些极简单的声音传来,使大雾笼罩着的乡村的土地显出了极度的深厚、深远和深沉来,使人对远古就存在着的这些土地,刹然间就有了更切身的体会和理解。

突然,脆脆的、响亮的一声自行车铃响,从前边浓雾间的什么地方传来,接着是掩住嘴却又忍不住的一阵姑娘的咯咯笑声。是他们了!我抬脚就要追去。但我又站住了。我想:能在大雾弥漫,安详甜蜜的秋晨结一次婚,一生还有什么遗憾呢?我走进了田野深处……

在小梁乡住了大约一个星期,幼璋哥请了假,又借了一辆自行车,我们俩一人骑一辆自行车回泗洪梅花朱集老家去。我们由西向东,穿过平原上的一个个村庄,翻过赭红色的重岗山就到小五姐许幼芝嫁人的村庄了。重岗山并不是高山大岭,而只是平原上一大片低矮的丘陵,但在平原地区,这样的地貌已经够特殊的了,能够给人们的视觉和心灵留下深刻的冲击。翻重岗山时自行车骑不上去,只能推着上去。小五姐幼芝就住在重岗山东坡的一个小村庄里。那时她已经有了一个小孩,我和幼璋哥坐在她家堂屋里说话,院子里的鸡在门口走来走去,她要留我们吃饭,但我们要在晚饭前赶到梅花朱集去。离开村子时,我们看到村子外面有一大片细竹，这给我留下了很深的印象，因为我很早就在书本上读到过，在100年前的气候背景下，在中国的中东部，竹子的北界是淮河。这就是说，在非人工干预情况下，自然界中竹子只生长在淮河以南，如果生长在淮河以北，那么我想，有三种可能，一种可能是人工种植的，另一种可能是园艺品种，还有一种可能是和100年前相比，气候发生了变化，气候变暖了，于是竹子开始向淮河以北更高纬度地区推进了。小五姐幼芝婆家村外的竹林，人工种植的可能性我觉得更大一些。

此后多年，我去泗洪县梅花镇万全朱集的次数越来越少。一方面，我们都大了，都有家庭、子女、工作和数不清的事务，我也调到合肥工作，离淮北地区更远了；另外，"俺妈"早去世了，二爷也去世了，到老家也没地方可住了。住在长辈家和住在同辈家情况完全不同，一般来说，住在长辈家好像理所当然，没有任何心理障碍，住在同辈家，则需要充分的情感基础。幼璋哥全家也早已搬到泗洪县城青阳镇去了，家里盖了两层小楼，大龙和二龙结婚时，都是我二姐代表我和大姐去泗洪参加的婚礼。1999年9月，父亲因病住进安徽省立医院，我母亲、两个姐姐和我轮流照顾，我又打电话给幼璋哥，他带着二龙来合肥，大家一起护理。半个多月后父亲病逝，遗体告别仪式在宿州市举行，幼璋哥全家、二爷家所有子女，还有泗洪梅花的其他亲戚，都到宿州参加了遗体告别仪式。

转眼又有许多年过去了。这期间我断断续续听母亲和我二姐说起过泗洪老家的情况。每年春节我都会给幼璋哥打电话，问候一下，我知道幼璋哥糖尿病仍然在吃药，大龙和二龙两个孩子都非常孝顺，嫂子信教了，幼璋哥慢慢也随着嫂子信了教。但不知怎么的，我一直在内心里感觉对幼璋哥有所亏欠，好像我总欠了他什么似的。这是一种挥之不去的感觉，也许是基于小时候建立起来的情感，也许是长大后慢慢体悟到的一种理智，也许是经历世事后的一种思考，也许只是一种本能。总之有一种说不清楚的感觉，在别人那里可能不是事，但在我这里就变成了一种压力、一种亏欠。不管遇到什么事，我总会想，幼璋哥没能得到完整的父爱，我就会觉得欠了他点什么，因为我得到了。或许这就是人们的一种命运，但就我而言，幼璋哥没能得到一种完整的父爱，这使我莫名其妙地产生了一种摆脱不去的心理压力。我必须要对幼璋哥好一些，再好一些。这种感觉真的十分奇怪。

新世纪以后，在卫国兄牵头下，我们在泗洪县做了不少大中小型文化或文学活动。每次到泗洪，我都会到幼璋哥家看一看。幼璋哥当时已经从粮站买断了，所谓买断，大概就是拿到粮站的一笔钱（补偿），各种关系转到社保单位，就与粮站没有关系了，这是那个年月的一种风潮。幼璋哥家住在一个城中村里，一个小院子，两层小楼，门前有一些菜地，两个孩子的小家庭一直都和幼璋哥及嫂子住在一起，七八口人，和和睦睦的。我和董静会带一些土特产去看幼璋哥和嫂子，有时候时间来不及了就把土特产放在宾馆的总台，由大龙或者二龙去取。幼璋哥也会给我们带回一些洪泽湖有名的螃蟹，泗洪特产黄花菜，或自家炕的发面饼，让我找到孩子时的感觉。我们也去看过四姐和四姐夫，四姐和四姐夫有一年还专门由儿子开车带着他们来看我们，在合肥住了两天。

淮河里的船一只一只慢慢地驶过，就像岁月和日子一样，在更大的背景底下，它们基本上是悄然无声地就驶过去了。如果你不在意，或不太注意，它们驶过去就驶过去了，不会留下太多的痕迹，或人们不会注意它们是否留下了怎样的痕迹。我们的小车在淮河大堤上轻轻地驶过，冬天的阴晦还在持续，河堤和村庄之间的菜地愈加碧绿。董静想到菜地旁边看看菜地里到底种的是什么菜，那么碧绿，甚至已经鲜亮得油黑了。我停下车，她拿着手机向堤下的菜地走去。我也下了车，靠在车门旁，一会看看她走近菜地了，一会看看淮河里慢慢驶过的货船，一会看看河滩里广阔的冬麦田。是黄心乌，董静回来告诉我河堤和村庄之间那些菜地里碧绿到油黑的那些菜的名字。黄心乌可是雪天里最好的蔬菜了！大雪天从雪下扒出一些黄心乌或黑心乌来，切些牛肉，或者羊肉，配上红辣椒，烧上一锅，那可是淮北冬天最好的美食！

我们上车离开当地，经过五河、蚌埠、怀远、凤阳、定远、长丰、肥东等地，回到我们现在的居住地合肥。的确，多年来我们来往于合肥与泗洪之间，并不是每一回都按这样的路线走的。我们有时候可能会先到泗县，在泗县的公路边找一家羊肉汤馆，要一盆清汤羊肉，加上三四个香喷喷的白面馍，美美地饱餐一顿，然后再经灵璧、宿州、濉溪、怀远、蚌埠等地回到合肥。或者我们由五河过淮河，经明光、凤阳、定远、肥东至合肥。或者我们由五河、怀远、蚌埠、淮南、长丰而合肥。2017 年我和董静参加首届江苏发展大会，那就由合肥至南京，再到宿迁，再到泗洪了。2018 年 1 月中旬，我和董静再回泗洪参加泗洪县乡贤协会成立大会，则由合肥到徐州，再经邳州、新沂、宿迁、濉宁到泗洪了。每一条路线都是吸引人的，都有使我留连忘返的风景，都是让我欢喜不尽的，都能使我目不转睛地一路看而不厌。我由此而知道，我并不是喜爱大地上的哪一种风景，而是喜爱大地上的所有风景。我其实是在喜爱我的人生。

回到合肥不到十天,我们接到二龙电话,告知幼璋哥病危消息,我们立刻再次驾车赶往泗洪县二龙家。这时幼璋哥躺在地铺上,混浊的眼睛半睁着,亲人们都围在地铺的周边,嫂子坐在他的头旁,叫着他的名字。我过去凑近了跟他说,幼璋哥,我是幼连,我是许辉,我来看你了。嫂子也对他说,幼璋啊,幼连和小董来看你了。大龙和二龙也对他说,俺小爷俺小娘来看你了。幼璋哥说不出话来,眼睛一直半睁着,似乎有半滴浊泪慢慢溢满眼角。我斜坐在幼璋哥身边。亲人们都围在他身边。董静在我身边抹着眼泪。嫂子捧着幼璋哥的头,时而缓慢时而急骤地对他说,幼璋啊,你睁眼看看吧,幼连来看你了,你睁眼看看他吧,你睁眼看看你身边的亲人吧,你睁眼看看大龙二龙吧,你睁眼看看我吧,你睁眼看看吧,上天啊,你带他走吧,你的灵魂是伟大的,你的光芒是无限的,你带他走吧,幼璋啊,你走吧,幼璋啊,幼璋啊……

附录

古文《孝经》

开宗明谊章第一

仲尼闲居，曾子侍坐。

子曰："参，先王有至德要道，以训天下，民用和睦，上下亡怨。女知之乎？"

曾子辟席曰："参不敏，何足以知之乎？"

子曰："夫孝，德之本也，教之所繇生。复坐，吾语女。身体发肤，受之父母，不敢毁伤，孝之始也。立身行道，扬名于后世，以显父母，孝之终也。夫孝，始于事亲，中于事君，终于立身。《大雅》云：'亡念尔祖，聿修其德。'"

天子章第二

子曰："爱亲者，不敢恶于人；敬亲者，不敢慢于人。爱敬尽于事亲，然后德教加于百姓，刑于四海。盖天子之孝也。《吕刑》云：'一人有庆，兆民赖之。'"

诸侯章第三

子曰："居上不骄，高而不危；制节谨度，满而不溢。高而不危，所以长守贵也；满而不溢，所以长守富也。富贵不离其身，然后能保其社稷，而和其民人。盖诸侯之孝也。《诗》云：'战战兢兢，如临深渊，如履薄冰。'"

卿大夫章第四

子曰："非先王之法服不敢服，非先王之法言不敢道，非先王之德行不敢行。是故非法不言，非道不行；口亡择言，身亡择行；言满天下亡口过，行满天下亡怨恶。三者备矣，然后能保其禄位而守其宗庙。盖卿大夫之孝也。《诗》云：'夙夜匪解，以事一人。'"

士章第五

子曰："资于事父以事母，其爱同；资于事父以事君，其敬同。故母取其爱，而君取其敬，兼之者父也。故以孝事君则忠，以弟事长则顺。忠顺不失，以事其上，然后能保其爵禄，而守其祭祀。盖士之孝也。《诗》云：‘夙兴夜寐，亡忝尔所生。’”

庶人章第六

子曰：“因天之时，就地之利，谨身节用，以养父母，此庶人之孝也。”

孝平章第七

子曰：“故自天子以下，至于庶人，孝亡终始而患不及者，未之有也。”

三才章第八

曾子曰：“甚哉，孝之大也！”

子曰：“夫孝，天之经也，地之谊也，民之行也。天地之经，而民是则之。则天之明，因地之利，以训天下。是以其教不肃而成，其政不严而治。先王见教之可以化民也，是故先之以博爱，而民莫遗其亲；陈之以德谊，而民兴行；先之以敬让，而民不争；道之以礼乐，而民和睦；示之以好恶，而民知禁。《诗》云：‘赫赫师尹，民具尔瞻。’”

孝治章第九

子曰："昔者明王之以孝治天下也，不敢遗小国之臣，而况于公、侯、伯、子、男乎？故得万国之欢心，以事其先王；治国者，不敢侮于鳏寡，而况于士民乎？故得百姓之欢心，以事其先君；治家者，不敢失于臣妾之心，而况于妻子乎？故得人之欢心，以事其亲。夫然，故生则亲安之，祭则鬼享之，是以天下和平，灾害不生，祸乱不作。故明王之以孝治天下也如此。《诗》云：'有觉德行，四国顺之。'"

圣治章第十

曾子曰："敢问圣人之德，亡以加于孝乎？"

子曰："天地之性，人为贵。人之行，莫大于孝。孝莫大于严父。严父莫大于配天，则周公其人也。昔者，周公郊祀后稷以配天，宗祀文王于明堂以配上帝。是以四海之内，各以其职来助祭。夫圣人之德，又何以加于孝乎？是故亲生毓之，以养父母日严。圣人因严以教敬，因亲以教爱。圣人之教，不肃而成，其政不严而治，其所因者本也。"

父母生绩章第十一

子曰："父子之道，天性也，君臣之谊也。父母生之，绩莫大焉。君亲临之,厚莫重焉。”

孝优劣章第十二

子曰:“不爱其亲而爱他人者,谓之悖德;不敬其亲而敬他人者,谓之悖礼。以训则昏,民亡则焉。不宅于善,而皆在于凶德,虽得志,君子弗从也。君子则不然,言思可道,行思可乐,德谊可尊,作事可法,容止可观,进退可度,以临其民。是以其民畏而爱之,则而象之。故能成其德教,而行其政令。《诗》云:‘淑人君子,其仪不忒。’”

纪孝行章第十三

子曰:“孝子之事亲也,居则致其敬,养则致其乐,疾则致其忧,丧则致其哀,祭则致其严。五者备矣,然后能事其亲。事亲者,居上不骄,为下不乱,在丑不争。居上而骄则亡,为下而乱则刑,在丑而争则兵。此三者不除,虽日用三牲之养,繇为不孝也。”

五刑章第十四

子曰:“五刑之属三千,而辠莫大于不孝。要君者亡上,非圣人者亡法,非孝者亡亲。此大乱之道也。”

广要道章第十五

子曰："教民亲爱，莫善于孝；教民礼顺，莫善于弟；移风易俗，莫善于乐；安上治民，莫善于礼。礼者，敬而已也。故敬其父，则子说；敬其兄，则弟说；敬其君，则臣说；敬一人，而千万人说。所敬者寡，而说者众。此之谓要道也。"

广至德章第十六

子曰："君子之教以孝也，非家至而日见之也。教以孝，所以敬天下之为人父者也。教以弟，所以敬天下之为人兄者也。教以臣，所以敬天下之为人君者也。《诗》云：'恺悌君子，民之父母。'非至德，其孰能训民如此其大者乎！"

应感章第十七

子曰："昔者明王事父孝，故事天明；事母孝，故事地察；长幼顺，故上下治。天地明察，鬼神章矣。故虽天子，必有尊也，言有父也，必有先也，言有兄也，必有长也。宗庙致敬，不忘亲也。修身慎行，恐辱先也。宗庙致敬，鬼神著矣。孝弟之至，通于神明，光于四海，亡所不暨。《诗》云：'自西自东，自南自北，亡思不服。'"

广扬名章第十八

子曰："君子事亲孝，故忠可移于君；事兄弟，故顺可移于长；居家理，故治可移于官。是以行成于内，而名立于后世矣。"

闺门章第十九

子曰："闺门之内，具礼矣乎。严亲严兄。妻子臣妾，繇百姓徒役也。"

谏争章第二十

曾子曰："若夫慈爱、龚敬、安亲、扬名，参闻命矣。敢问子从父之命，可谓孝乎？"

子曰："参，是何言与，是何言与！言之不通邪！昔者天子有争臣七人，虽亡道，不失天下；诸侯有争臣五人，虽亡道，不失其国；大夫有争臣三人，虽亡道，不失其家；士有争友，则身不离于令名；父有争子，则身不陷于不谊。故当不谊，则子不可以不争于父，臣不可以不争于君。故当不谊则争之。从父之命，又安得为孝乎。"

事君章第二十一

子曰："君子之事上也，进思尽忠，退思补过；将顺其美，匡救其恶。故上下能相亲也。《诗》云：'心乎爱矣，遐不谓矣。忠心臧之，何日忘之。'"

丧亲章第二十二

子曰："孝子之丧亲也，哭不依，礼亡容，言不文，服美不安，闻乐不乐，食旨不甘，此哀戚之情也。三日而食，教民亡以死伤生也。毁不灭性，此圣人之正也。丧不过三年，示民有终也。为之棺、椁、衣、衾以举之，陈其簠簋而哀戚之；哭泣擗踊，哀以送之；卜其宅兆，而安措之；为之宗庙，以鬼享之；春秋祭祀，以时思之。生事爱敬，死事亨戚，生民之本尽矣，死生之谊备矣，孝子之事终矣。"

孝经序

［唐］ 李隆基

朕闻上古，其风朴略。虽因心之孝已萌，而资敬之礼犹简。及乎仁义既有，亲誉益著，圣人知孝之可以教人也，故因严以教敬，因亲以教爱。于是以顺移忠之道昭矣，立身扬名之义彰矣。子曰："吾志在《春秋》，行在《孝经》。"是知孝者，德之本欤。《经》曰："昔者明王之以孝理天下也，不敢遗小国之臣，而况于公侯伯子男乎。"朕尝三复斯言，景行先哲，虽无德教加于百姓，庶几广爱形于四海。

嗟乎！夫子没而微言绝，异端起而大义乖。况泯绝於秦，得之者皆煨烬之末；滥觞于汉，传之者皆糟粕之余。故鲁史《春秋》，学开五传，《国风》《雅》《颂》，分为四诗，去圣逾远，源流益别。近观《孝经》旧注，踳驳尤甚。至于迹相祖述，殆且百家；业擅专门，犹将十室。希升堂者，必自开户牖；攀逸驾者，必骋殊轨辙。是以道隐小成，言隐浮伪。且传以通经为义，义以必当为主。至当归一，精义无二，安得不翦其繁芜而撮其枢要也？

韦昭、王肃，先儒之领袖；虞翻、刘邵，抑又次焉。刘炫明安国之本，陆澄讥康成之注，在理或当，何必求人？今故特举六家之异同，会五经之旨趣，约文敷畅，义则昭然。分注错经，理亦条贯。写之琬琰，庶有补于将来。且夫子谈经，志取垂训，虽五孝之用则别，而百行之源不殊。是以一章之中，凡有数句，一句之内，意有兼明，具载则文繁，略之又义阙，今存于疏，用广发挥。

孝经注疏序

［宋］ 邢昺

夫《孝经》者，孔子之所述作也。述作之旨者，昔圣人蕴大圣德，生不偶时，适值周室衰微，王纲失坠，君臣僭乱，礼乐崩颓。居上位者赏罚不行，居下位者褒贬无作。孔子遂乃定礼乐，删《诗》《书》，赞《易》道，以明道德仁义之源；修《春秋》，以正君臣父子之法。又虑虽知其法，未知其行，遂说《孝经》一十八章，以明君臣父子之行。所寄知其法者修其行，知其行者谨其法。故《孝经纬》曰："孔子云：'欲观我褒贬诸侯之志，在《春秋》；崇人伦之行，在《孝经》。'"是知《孝经》虽居六籍之外，乃与《春秋》为表矣。

先儒或云"夫子为曾参所说"，此未尽其指归也。盖曾子在七十弟子中，孝行最著，孔子乃假立曾子为请益问答之人，以广明孝道。既说之后，乃属于曾子。洎遭暴秦焚书，并为煨烬。汉膺天命，复阐微言。《孝经》，河间颜芝所藏,因始传之于世。自西汉及魏,历晋、宋、齐、梁,注解之者迨及百家。至有唐之初,虽备存秘府,而简编多有残缺。传行者唯孔安国、郑康成两家之注,并有梁博士皇侃义疏,播于国序。然辞多纰缪,理昧精研。至唐玄宗朝,乃诏群儒学官,俾其集议。是以刘子玄辨郑注有十谬七惑,司马坚斥孔注多鄙俚不经。其余诸家注解,皆荣华其言,妄生穿凿。明皇遂於先儒注中,采摭菁英,芟去烦乱,撮其义理允当者,用为注解。至天宝二年注成,颁行天下,仍自八分御札,勒于石碑,即今京兆石台《孝经》是也。

河流边的经典（代后记）

各位书友，大家好！

黄山书社出版了一套系列国学文化丛书“同一条河流”，现在已经出版了四种，一种是《泗水边的〈论语〉》，一种是《泗水边的〈中庸〉》，一种是《泗水边的〈大学〉》，还有一种是《涡河边的〈老子〉》。这套丛书出版后，很快在台湾出版了繁体本。这套丛书应该说比较适合大众阅读，比较适合大学生阅读，也比较适合一般的国学爱好者阅读。我是这套丛书的作者许辉。

为什么要给这套丛书贴上一个河流的标签呢？我们都知道，在古代经济生产能力不发达的时代，人们的活动，不管是生产活动，还是生活活动，都是围绕着河流或湖泊展开的。河流有一种文化廊道的作用，有了河流，就会带来人流，有了人流，就会带来物流，就会带来信息流，就会带来思想流。文明都是在流域内萌芽、生长、成熟、最后开花结果的。

中国儒家的思想和道家的思想也是如此。中国儒家的代表性人物，孔子、孟子、子思、曾子，都出生、成长在淮河下游最大的支流泗水边；中国道家思想的代表人物老子、庄子，都出生、生活在淮河中游一条很大的支流涡河边。

在中国的历史上，有三条著名的文化河流，一条是黄河，一条是长江，一条是淮河。在我个人的总结中，黄河，是一条政权之河，因为中国古代重要的政权，大都建立在黄河流域。长江，是一条经济之河，在中国历史上，长江流域的经济产出，经常占据重要位置。淮河，是一条人文之河，是一条思想之河，中国的儒家思想和道家思想都萌芽、成长、成熟在淮河流域。

现在已经出版的这四种书，有三种是对儒家经典的释读。这三种儒家的经典是，《论语》《中庸》和《大学》。我认为《论语》要解决的是中国人在社会环境中人与人之间关系的问题。《中庸》要解决的是中国人世界观和方法论的问题：从哲学角度看，中庸要解决的是以中为用的问题，从社会学角度看，中庸强调的就是中正和谐。《大学》要解决的是中国人的事业链的问题，它的事业链有一个非常明晰的轨迹，那就是格物、致知、诚意、正心、修身、齐家、治国、平天下，通过对《大学》的阅读，我们就知道在中国的传统文化中，中国人事业的走向是一个什么样的传承关系。而《老子》是中国道家思想的一个经典，它要解决的是中国人与天地万物的关系。所以虽然儒家思想和道家思想都发生、成熟在淮河流域，但它们也有很大的不同。我个人的总结是，道家是天人之间的交流，儒家是你我之间的对话。

现在已出的这四种书,有它们的一些特点,大概有四点。一点是古代汉语方面的,因为曾经受过高校严格的古代汉语训练,几十年来又一直十分关注古代汉语研究的新成果,因而在古文的字、词、句以及音、义的释读方面,有自己一定的见解。第二点是古代汉语文本译成现代汉语文本方面,我本身是一个文学写作者,写过不少小说、散文、随笔等,所以感觉能够比较到位地把古代汉语文本翻译成现代汉语文本。第三点是有比较丰富的参照系,我一直很喜欢哲学、文化、政治、社会学、语言学、心理学、国际关系、农业、植物、河流、军事、地理等等,很关注这些领域的知识以及最新研究成果,因此在写这四本书的时候,我尽力把这些知识,这些行业的文化,融入到对这些经典的释读之中去,使这些经典有更丰富的参照系。第四点是这四本书里有一些作为参照的文学作品的存在,读者通过对一些相关的文学作品的阅读,能够更好地理解这些古代思想经典的深刻内涵。

黄山书社是一家十分有经验、有影响的专业出版社,“同一条河流”也会继续出下去,《长江边的〈孙子兵法〉》《泗水边的〈孝经〉》等,都在紧锣密鼓的出版筹划之中,期待广大书友多关注黄山书社,多关注“同一条河流”系列丛书,我们共同学习,共同提高。

(本文为2020年全民阅读活动视频文字版)

许辉

2020年4月23日于合肥南艳湖竹柏簃

(《泗水边的〈孝经〉》全书完成于2020年春夏合肥南艳湖竹柏簃)

图书在版编目(CIP)数据

泗水边的《孝经》/ 许辉著. —合肥 :黄山书社,2021.1
ISBN 978-7-5461-9621-3

Ⅰ.①泗… Ⅱ.①许… Ⅲ.①家庭道德-中国-古代
②《孝经》-研究 Ⅳ.①B823.1

中国版本图书馆 CIP 数据核字(2021)第 010631 号

泗水边的《孝经》 **许辉 著**

出 品 人 贾兴权
责任编辑 朱莉莉
装帧设计 观止堂_未氓
出版发行 时代出版传媒股份有限公司(http://www.press-mart.com)
黄山书社(http://www.hspress.cn)
地址邮编 安徽省合肥市蜀山区翡翠路 1118 号出版传媒广场 7 层 230071
印 刷 安徽联众印刷有限公司
版 次 2021 年 5 月第 1 版
印 次 2021 年 5 月第 1 次印刷
开 本 700mm × 1000mm 1/16
字 数 180 千字
印 张 11.25
书 号 ISBN 978-7-5461-9621-3
定 价 36.00 元

服务热线 0551-63533706
销售热线 0551-63533761
官方直营书店(https://hsss.tmall.com)